新手学电脑

（Windows 11 + Office 2021版）

龙马高新教育 ◎编著

从入门到精通

北京大学出版社
PEKING UNIVERSITY PRESS

内 容 简 介

本书通过精选案例引导读者深入学习，系统地介绍电脑的相关知识和应用方法。

本书分为 4 篇，共 14 章。第 1 篇为"快速入门篇"，主要介绍全面认识电脑、轻松掌握 Windows 11 操作系统、个性化设置操作系统、输入法的认识和使用、管理电脑中的文件资源、软件的安装与管理等；第 2 篇为"网络应用篇"，主要介绍网络的连接与设置、开启网络之旅、多媒体和网络游戏等；第 3 篇为"Office 2021 办公篇"，主要介绍如何使用 Word 2021、Excel 2021 和 PowerPoint 2021 等；第 4 篇为"系统优化篇"，主要介绍电脑的优化与维护、系统备份与还原等。

本书不仅适合电脑初级、中级用户学习，而且也可以作为各类院校相关专业学生和电脑培训班学员的教材或辅导用书。

图书在版编目(CIP)数据

新手学电脑从入门到精通：Windows 11+Office 2021版 / 龙马高新教育编著. — 北京 ：北京大学出版社，2022.3

ISBN 978-7-301-32859-0

Ⅰ. ①新… Ⅱ. ①龙… Ⅲ. ①Windows操作系统②办公自动化-应用软件 Ⅳ. ①TP316.7②TP317.1

中国版本图书馆CIP数据核字（2022）第024829号

书　　　　名	新手学电脑从入门到精通（Windows 11+Office 2021版）
	XINSHOU XUE DIANNAO CONG RUMEN DAO JINGTONG（Windows 11+Office 2021 BAN）
著作责任者	龙马高新教育　编著
责 任 编 辑	张云静　刘沈君
标 准 书 号	ISBN 978-7-301-32859-0
出 版 发 行	北京大学出版社
地　　　　址	北京市海淀区成府路205 号　100871
网　　　　址	http://www. pup. cn　　新浪微博:@ 北京大学出版社
电 子 信 箱	编辑部 pup7@pup.cn　总编室 zpup@pup.cn
电　　　　话	邮购部 010-62752015　发行部 010-62750672　编辑部 010-62570390
印 刷 者	天津中印联印务有限公司
经 销 者	新华书店
	787毫米×1092毫米　16开本　22.75印张　547千字
	2022年3月第1版　2023年9月第2次印刷
印　　　　数	4001-6000册
定　　　　价	79.00元

电脑很神秘吗？

不神秘！

学习电脑难吗？

不难！

阅读本书能掌握电脑的使用方法吗？

能！

为什么要阅读本书

　　如今，电脑已成为人们日常工作、学习和生活中必不可少的工具之一，它不仅有效地提高了工作效率，而且给人们的生活带来了极大的便利。本书从实用的角度出发，结合实际应用案例，模拟真实的系统环境，介绍电脑的使用方法与技巧，旨在帮助读者全面、系统地掌握电脑的应用。

选择本书的 N 个理由

❶ 简单易学，案例为主

　　本书以案例为主线，贯穿知识点，实操性强，与读者的需求紧密结合，模拟真实的工作与学习环境，帮助读者解决在工作中遇到的问题。

❷ 高手支招，高效实用

　　本书的"高手支招"板块提供了大量的实用技巧，既能满足读者的阅读需求，也能解决读者在工作、学习中遇到的一些常见问题。

❸ 举一反三，巩固提高

　　本书"举一反三"板块提供了与本章知识点有关或类型相似的综合案例，帮助读者巩固和提高所学内容。

❹ 海量资源，实用至上

　　随书赠送大量实用的模板、学习技巧及辅助资料等，便于读者学习。

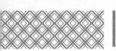

配套资源

❶ 11 小时名师视频指导

教学视频涵盖本书所有知识点，详细讲解了每个案例的操作过程和关键点。读者可以轻松掌握电脑的使用方法和技巧，而且扩展性讲解部分可使读者获得更多的知识。

❷ 超多、超值资源大奉送

随书奉送素材文件和结果文件、通过互联网获取学习资源和解题的方法、办公类手机APP索引、办公类网络资源索引、Office 2021快捷键查询手册、电脑常见故障维护查询手册、电脑常用技巧查询手册、1000个Office 常用模板、《手机办公 10 招就够》手册、《微信高手技巧随身查》电子书、《高效能人士效率倍增手册》电子书、《QQ 高手技巧随身查》电子书等超值资源，以方便读者扩展学习。

配套资源下载

为了方便学习，读者可以扫描封底二维码，关注微信公众号，输入本书 77页的资源下载码，下载本书配套资源。

本书读者对象

1. 没有任何电脑应用基础的初学者。

2. 有一定应用基础，想精通电脑应用的人员。

3. 有一定应用基础，没有实战经验的人员。

4. 大专院校及培训学校的教师和学生。

创作者说

本书由龙马高新教育策划，孔长证任主编。读者读完本书后，会惊奇地发现"我已经是电脑办公达人了"，这也是编者最欣慰的结果。

本书编写过程中，我们竭尽所能地为读者呈现最好、最全的实用功能，但仍难免有疏漏和不妥之处，敬请广大读者不吝指正。若读者在学习过程中产生疑问，或有任何建议，可以通过 E-mail 与我们联系。

读者邮箱：2751801073@qq.com

投稿邮箱：pup7@pup.cn

目录
Contents

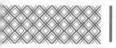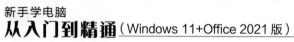

第4篇 系统优化篇

第
1
篇

快速入门篇

第 1 章
从零开始——
全面认识电脑

📃 本章导读

电脑办公是目前最常用的办公方式，利用电脑可以轻松地步入无纸化办公时代，从而节约能源并提高效率。在学习电脑办公之前，读者需要先了解什么是电脑和智能终端、电脑的常用配件、如何使用键盘与鼠标、如何启动与关闭电脑等知识。

✈ 思维导图

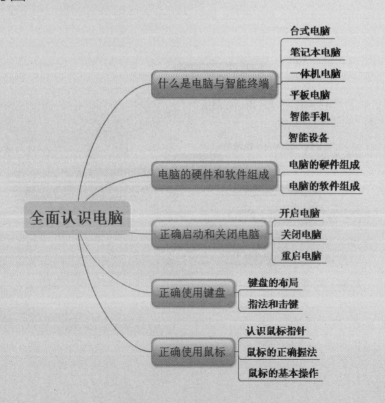

1.1 什么是电脑与智能终端

在学习电脑办公之前，首先需要了解在办公环境中常见的电脑与智能终端。

1.1.1 台式电脑

台式电脑又称桌面计算机，是最常见的办公工具。它的优点是耐用、价格实惠、散热性较好，同时，配件若有损坏，更换配件的价格也相对便宜；它的缺点是笨重、耗电量大，一般放在电脑桌或专门的工作台上，适用于比较固定的场合，如公司和家里等。

目前，台式电脑主要分为分体式电脑和一体式电脑，其主要区别在于显示器与主机。分体式电脑是传统的电脑机型，显示器与主机分离；而一体式电脑（简称一体机）的显示器和主机集成在一起，由于设计时尚、体积小，受到了很多用户的青睐，如下图所示。

台式电脑

一体机电脑

1.1.2 笔记本电脑

笔记本电脑与台式电脑相比，有着类似的结构组成，但它的优势非常明显，如体积小、重量轻、携带方便等。便携性是笔记本电脑相对于台式电脑最大的优势，一般来说，笔记本电脑的重量只有 1~2kg，无论是外出工作还是旅游，都可以随身携带，非常方便，如下图所示。

超轻、超薄是目前笔记本电脑的主要发展方向，但这并没有影响其性能的提高和功能的完善。同时，其便携性和备用电源使移动办公成为可能。由于这些优势的存在，笔记本电脑越来越受到用户推崇，市场迅速扩大。

从用途上看，笔记本电脑一般可以分为 4 类：商务型、时尚型、多媒体应用型、游戏型。

商务型笔记本电脑的特征是移动性强、电池续航时间长；时尚型笔记本电脑的外观新奇，也有适合商务使用的；多媒体应用型笔记本电脑结合了强大的图形及多媒体处理功能，市面上常见的多媒体应用型笔记本电脑拥有独立的、较为先进的显卡及较大的屏幕等；游戏型笔记本电脑主打游戏性能，其强悍的硬件性能可以与台式电脑相媲美，尤其是在独立显卡、散热设计与温度控制上十分出众。

1.1.3 平板电脑

平板电脑也称便携式电脑，是一种小型的、方便携带的个人电脑，以触摸屏作为基本的输入设备。它拥有的触摸屏允许用户通过触控笔或数字笔来进行作业，而不必使用传统的键盘或鼠标。用户可以通过内置的手写识别功能、屏幕上的软键盘、语音识别功能或连接一个真正的键盘实现输入，如下图所示。

另外，为了满足不同人群的使用需求，市面上衍生了"二合一"电脑，不仅保留了笔记本电脑的性能和配置，还融合了平板电脑的便携性与娱乐性，具有轻便、配置高、续航时间长等优点，能够满足用户的日常办公和娱乐需求。下图为"二合一"电脑。

1.1.4 智能手机

手机已经由原先单一的通话功能，发展成为具有独立的操作系统，独立的运行空间，可以由用户自行安装社交软件、游戏、导航等程序的手持智能设备，如下图所示。

现如今，手机已成为人们日常生活中必不可少的一部分，如利用手机进行扫码支付、微信聊天、手机游戏、手机公交卡、小视频等。

随着手机行业的快速发展，手机的更新迭

代速度越来越快，其硬件性能和功能也越发强大，为人们带来了更为极致的使用体验。

目前，智能手机操作系统主要分为iOS系统和Android（安卓）系统，手机主要代表品牌有苹果、华为、三星、vivo、OPPO、小米等。

1.1.5　智能设备

如今，智能设备已经被广泛应用在各个领域，并融入了传统家电、家居、穿戴、出行等设备中，不仅具有漂亮的外观设计，更具有独立的计算能力及专业的应用程序和功能，如经常看到的智能穿戴设备（VR眼镜、智能手表、智能手套等）、智能家居设备（扫地机器人、智能马桶、智能冰箱等）、AI音箱、无人机、无人汽车等，如下图所示。

近几年来，随着人工智能技术的快速发展，大量的智能产品铺天盖地地进入人们的视野。无线网络的普及和5G网络的推进，加快了社会进入万物互联时代的速度，其设备形态与应用热点的不断变化，将为人们的生活带来更多的乐趣和便利。当然，在使用智能设备时，一定要注意网络安全，否则会适得其反。

智能音箱

扫地机器人

1.2　电脑的硬件和软件组成

按照组成部分来讲，电脑主要由硬件和软件组成。其中，硬件是电脑的外在载体，类似于人的躯体；而软件是电脑的灵魂，相当于人的大脑。电脑在运行时，二者协同工作，缺一不可。

1.2.1　电脑的硬件组成

通常情况下，一台电脑由CPU、内存、主板、显卡、硬盘、电源和显示器等硬件组成。另外，用户也可以根据实际使用需求，添加电脑外置硬件，如打印机、扫描仪、摄像头等。

1. CPU

中央处理器（Central Processing Unit，CPU）是一台电脑的运算核心和控制核心，作用与人的大脑相似，负责处理和运算电脑内部的所有数据。而主板芯片组则更像是电脑的心脏，控制着数据的交换。CPU的种类决定了电脑所使用的操作系统和相应的软件，CPU的型号往往决定了一台电脑的性能。

目前市场上较为主流的是四核心CPU，也不乏六核心、八核心及十核心等更高性能的CPU，这些产品主要来自英特尔（Intel）和超威（AMD）两大CPU品牌，如下图所示。

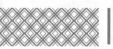

2. 内存

内存储器（简称内存，也称主存储器）用于存放电脑运行所需的程序和数据。内存的容量与性能是电脑整体性能的一个决定性因素。内存的大小及其时钟频率（内存在单位时间内处理指令的次数，单位是MHz）直接影响电脑的运行速度，即使CPU主频很高，硬盘容量很大，但如果内存很小，电脑的运行速度也不会快。

目前，常见的内存品牌主要有金士顿（Kingston）、三星（Samsung）、影驰（Galaxy）、金泰克（Tigo）、芝奇等，主流电脑一般采用8GB及以上容量的内存。下图所示为一款容量为8GB的金士顿DDR4 2666 MHz内存条。

3. 显卡

显卡也称显示卡，是电脑内主要板卡之一，其基本作用是控制电脑的图形输出。由于工作性质不同，不同的显卡提供的功能也不同。

一般来说，二维（2D）图形图像的输出是必备的。在此基础上，将部分或全部的三维（3D）图像处理功能纳入显示芯片中，由这种芯片做成的显卡就是通常所说的"3D显卡"。有些显卡以附加卡的形式安装在电脑主板的扩展槽中，有些则集成在主板上，下图所示为七彩虹战斧GeForce RTX 3060显卡。

3D显卡是具有3D图形处理功能的显卡。现在很多软件，特别是游戏软件，为了追求更真实的效果，会在软件中运用大量的三维动画。运行这类软件要求显卡有较好的三维图形处理功能，否则就不能很好地再现软件所提供的三维效果。

4. 机械硬盘和固态硬盘

硬盘是电脑最重要的外部存储器之一，由一个或多个铝制或玻璃制的碟片组成，这些碟片外覆盖有铁磁性材料。绝大多数硬盘都是固定硬盘，被永久性地密封固定在硬盘驱动器中。硬盘的盘片和驱动器是密封在一起的，因此，通常所说的硬盘和硬盘驱动器其实是一回事。

与软盘相比，硬盘具有性能好、速度快、容量大等优点。硬盘将驱动器和硬盘片封装在一起，固定在主机箱内，一般不可移动，如下图所示。硬盘最重要的指标是硬盘容量，其容量大小决定了信息的存储量。目前，常见的硬盘品牌主要有希捷、西部数据、三星、东芝和HGST等。

常见的硬盘包括机械硬盘和固态硬盘。其中，机械硬盘采用磁性碟片来存储信息，固态硬盘采用闪存颗粒来存储信息。固态硬盘在数据读取速度、抗震能力、功耗、噪声及发热方面，相比普通的机械硬盘拥有明显的优势，这也是固态硬盘的最大卖点，其具体优势如下。

（1）读写速度。固态硬盘按接口类型主要分为SATA接口和M.2接口，如下图所示。其中，SATA接口固态硬盘的读取速度普遍可以达到400Mb/s，写入速度也可以达到130Mb/s以上，其读写速度是普通机械硬盘的3~5倍；而M.2接口固态硬盘的读取速度可以达到3000 Mb/s，写入速度也可以达到1300Mb/s以上，读写速度几乎是SATA接口固态硬盘的8~10倍。

SATA接口固态硬盘

M.2接口固态硬盘

（2）抗震能力。传统的机械硬盘内部有高速运转的磁头，其抗震能力很差。因此，一般的机械硬盘如果是在运动或震动中使用，很容易损坏。而采用存储芯片进行存储的固态硬盘，内部无磁头，具备超强的抗震能力，即便在运动或震动中使用，也不容易损坏。

（3）功耗。固态硬盘具备低功耗待机功能，而机械硬盘则不具备。

（4）噪声。固态硬盘运行时基本听不到任

何噪声，而机械硬盘运行时如果凑近听，可以听到内部的磁盘转动及震动的声音，一些使用较久的机械硬盘噪声更为明显。

（5）发热。固态硬盘发热较少，即便在运行一段时间后，其表面也感觉不到明显的发热。而机械硬盘运行一段时间后，用手触摸可以明显感觉到发热。

5. 电源

如下图所示，主机电源是一种安装在主机箱内的封闭式独立部件，其作用是将交流电通过一个开关电源变压器转换为+5V、−5V、+12V、−12V、+3.3V等稳定的直流电，以供应主机箱内的主板驱动、硬盘驱动及各种适配器扩展卡等系统部件使用。

6. 显示器

显示器是电脑中重要的输出设备。电脑操作的各种状态、结果、编辑的文本、程序、图形等都是通过显示器显示的。下图所示为液晶显示器。

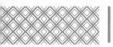

1.2.2 电脑的软件组成

软件是电脑系统的重要组成部分，通常情况下，电脑的软件系统可以分为操作系统、驱动程序和应用软件三大类。使用不同的电脑软件，可以完成许多不同的工作，使电脑具有非凡的灵活性和通用性。

1. 操作系统

操作系统是管理和控制电脑硬件与软件资源的电脑程序，是直接运行在"裸机"上的最基本的系统软件，任何其他软件都必须在操作系统的支持下才能运行。例如，电脑中的Windows 10、Windows 11及手机中的iOS和Android都是操作系统，其中Windows 11操作系统桌面如下图所示。

2. 驱动程序

驱动程序的英文为"Device Driver"，全称为"设备驱动程序"，是一种可以使电脑和设备通信的特殊程序，相当于硬件的接口。操作系统只有通过驱动程序，才能控制硬件设备的工作。例如，新电脑中常常出现没有声音的情况，安装某个程序后，声音即可正常播放，该程序就是驱动程序。因此，驱动程序又被称为"硬件的灵魂""硬件的主宰""硬件与系统之间的

桥梁"等。下图所示为电脑网络适配器的驱动程序信息界面。

3. 应用软件

应用软件通常是指除系统程序以外的所有程序，是用户利用电脑及其提供的系统程序，为解决各种实际问题而编写的应用软件。例如，聊天软件QQ、安全防护软件360安全卫士、办公软件Office等都属于应用软件。下图所示为Office 2021中Word组件的主界面。

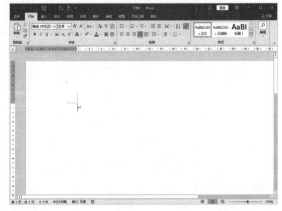

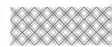

1.3 实战 1：正确使用鼠标

鼠标因外形如老鼠而得名，是一种方便灵活的输入设备。在操作系统中，大部分操作都是通过鼠标来完成的。

1.3.1　认识鼠标的指针

鼠标在电脑中的表现形式是鼠标指针，鼠标指针的形状通常是一个白色的箭头，当进行不同的工作，或系统处于不同的运行状态时，鼠标指针的外形可能会随之发生变化，如常见的小手就是鼠标指针的一种形状。

表 1-1 列出了常见的鼠标指针形状及其所表示的状态和用途。

表 1-1　常见的鼠标指针形状及其所表示的状态和用途

指针形状	表示状态	用途
↖	正常选择	Windows系统的基本指针，用于选择菜单、命令或选项等
↖⊙	后台运行	表示电脑打开程序，正在加载中
⊙	忙碌状态	表示电脑打开的程序或操作未响应，需要用户等待
＋	精准选择	用于精准调整对象
I	文本选择	用于在文字编辑区内指定编辑位置
⊘	禁用状态	表示当前状态及操作不可用
↕和↔	垂直或水平调整	鼠标指针移动到窗口边框线时，会出现双向箭头，拖曳鼠标，可上下或左右调整边框，改变窗口大小
⤡和⤢	沿对角线调整	鼠标指针移动到窗口四个角时，会出现斜向双向箭头，拖曳鼠标，可同时沿水平和垂直两个方向放大或缩小窗口
✥	移动对象	用于移动选定的对象
☝	链接选择	表示当前位置有超文本链接，单击即可进入
✎	手写	适用于触屏电脑或"二合一"电脑，该状态下可使用触控笔进行写入

1.3.2 鼠标的正确握法

要用好鼠标，首先要握好鼠标。鼠标的正确握法是，右手食指和中指自然放在鼠标的左键和右键上，拇指靠在鼠标左侧，无名指和小指放在鼠标右侧，拇指、无名指及小指轻轻握住鼠标，手掌心贴住鼠标后部，手腕自然垂放在桌面上，如下图所示。操作时右手带动鼠标做平面运动，用食指控制鼠标左键，中指控制鼠标右键，食指或中指控制鼠标滚轮进行操作。

1.3.3 鼠标的基本操作

鼠标的基本操作包括移动、单击、双击、拖曳、右击和使用滚轮等。

1. 鼠标指针定位

鼠标指针定位指的是将鼠标指针移动到某处或某个对象上。在电脑屏幕上移动鼠标指针，将其指向目标对象，会显示提示信息，如下图所示。

2. 单击（选中）

单击（选中）指的是按下鼠标左键并立即释放，一般用于选中某个操作对象，如下图所示。

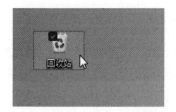

3. 双击（打开 / 执行）

双击（打开/执行）指的是快速地连续按鼠标左键两次，一般用于打开窗口或启动应用程序，如双击回收站图标，得到的页面如下图所示。

双击时鼠标不可晃动，否则无法完成操作。

4. 拖曳

拖曳是指将鼠标指针定位到窗口、对话框或图标上，按住鼠标左键不放，将鼠标拖动到屏幕上的一个新位置，然后释放鼠标即可，如下图所示。

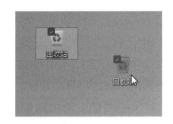

5. 右击

当选中一个目标对象时，单击鼠标右键，即可弹出与其相关的快捷菜单，显示该对象可以执行的操作，如下图所示。

6. 使用滚轮

鼠标滚轮用于对文档或窗口中未显示完的内容进行滚动显示，从而查看其中的内容，如下图所示。

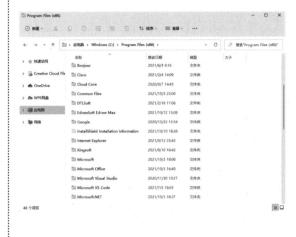

1.4 实战 2：正确使用键盘

键盘是计算机系统中最基本的输入设备，通过键盘可以输入各种字符，或者下达一些控制命令，以实现人机交流。下面介绍键盘的布局，以及打字的相关指法。

1.4.1 键盘的布局

键盘的键位分布大致相同，目前大多数用户使用的键盘为 107 键的标准键盘，如下图所示。根据键盘上各个键的作用划分，键盘总体上可分为五个大区，即功能键区、主键盘区、编辑键区、辅助键区及状态指示区。

1. 功能键区

功能键区位于键盘的上方，由Esc键、F1~F12键及其他三个功能键组成，如下图所示，这些键在不同的环境中有不同的作用。

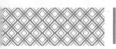

（1）Esc：也称退出键，常用于撤销某项操作、退出当前环境或返回原菜单。

（2）F1~F12：用户可以根据自己的需要来定义它们的功能，不同的程序可以对它们进行不同的操作功能定义。

（3）Print Screen：在Windows环境下，按【Print Screen】键可以将当前屏幕上的内容复制到剪贴板中，按【Alt+Print Screen】组合键可以将当前屏幕上活动窗口中的内容复制到剪贴板中，剪贴板中的内容可以粘贴(按【Ctrl+V】组合键)到其他应用程序中。

（4）Scroll Lock：用来锁定屏幕滚动。按下该键后屏幕停止滚动，再次按下该键则解除锁定。

（5）Pause Break：暂停键。如果按下【Ctrl+Pause Break】组合键，将强行中止当前程序的运行。

2. 主键盘区

主键盘区位于键盘的左下方，是键盘上最大的区域。它既是键盘的主体部分，也是经常操作的部分。主键盘区除了包含数字键和字母键外，还有辅助键，如下图所示。

（1）Tab：制表定位键。通常情况下，按此键可使光标向右移动8个字符的位置。

（2）Caps Lock：用来切换字母大小写状态。

（3）Shift：键盘转换键。在键盘中，部分键位上有两个字符，按【Shift】键的同时按下这些键可以转换所按键的符号或数字。

（4）Ctrl：控制键。与其他键同时使用，以实现应用程序中定义的功能。

（5）Alt：交替换挡键。与其他键同时使用，可以组合成各种复合控制键。

（6）空格键：是键盘上最长的一个键，用来输入一个空格，使光标向右移动一个字符的位置。

（7）Enter：回车键。确认将命令或数据输入计算机时按此键。输入文字时，按回车键可以将光标移到下一行的行首，产生一个新的段落。

（8）Backspace：退格键。按一次该键，屏幕上的光标从当前位置退回一格（一格为一个字符的位置），并抹去退回的那一格内容（一个字符）。

（9）▉▉：Windows图标键。在Windows环境下，按此键可以打开【开始】菜单，以选择所需要的菜单命令。

（10）▉▉：Application键。在Windows环境下，按此键可以打开当前所选对象的快捷菜单。

3. 编辑键区

编辑键区位于键盘的中间偏右位置，包括上下左右四个方向键和几个控制键，如下图所示。

（1）Insert：用来切换插入与改写状态。在插入状态下，输入一个字符后，光标右侧的

所有字符将向右移动一个字符的位置。在改写状态下，输入的字符将替换当前光标处的字符。

（2）Delete：删除键。用来删除当前光标位置右侧的字符，并使光标右侧的所有字符向左移动一个字符的位置。

（3）Home：在不同的操作环境下，【Home】键的功能也会有所区别，其主要作用是将光标定位在当前行的行首。

（4）End：用来将光标定位在当前行最后一个字符的右侧。

（5）Page Up：按此键将光标移至上一页。

（6）Page Down：按此键将光标移至下一页。

（7）方向键：↑↓←→，用来将光标向上、下、左、右移动一个字符的位置。

4. 辅助键区

辅助键区位于键盘的右下方，其作用是快速输入数字，由【Num Lock】键、数字键、【Enter】键和符号键组成，如下图所示。

辅助键区中大部分都是双字符键，上档键是数字，下档键具有编辑和光标控制功能，上下档的切换由【Num Lock】键来实现。当按一下【Num Lock】键时，状态指示区的第一个指示灯点亮，表示此时为数字状态，再按一下此键，指示灯熄灭，此时为光标控制状态。

5. 状态指示区

状态指示区位于键盘的右上角，用于提示辅助键区的工作状态、大小写状态及滚屏锁定键的状态。从左到右依次为：Num Lock指示灯、Caps Lock指示灯、Scroll Lock指示灯。它们与键盘上的【Num Lock】键、【Caps Lock】键及【Scroll Lock】键对应，如下图所示。

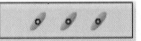

（1）按下【Num Lock】键，Num Lock指示灯亮，此时右边的辅助键区可以用于输入数字；反之，当Num Lock指示灯灭时，该区只能作为方向键来使用。

（2）按下【Caps Lock】键，Caps Lock指示灯亮，此时输入字母为大写；反之为小写。

（3）按下【Scroll Lock】键，Scroll Lock指示灯亮，在Excel等软件界面中按上、下键滚动时，会锁定光标而滚动页面。

1.4.2　键盘的指法和击键

使用键盘时需要遵守一定的规则，操作才能又快又准。

1. 主键盘区的字母顺序

键盘上的字母键没有按照字母顺序分布排列，而是按照它们的使用频率来排列的。常用字母由于敲击次数较多，被安排在中间的位置，如F、G、H、J等；相对不常用的Z、Q就安排在旁边的位置。

准备打字时，除拇指外的其余8个手指分别放在基本键上，2个拇指放在空格键上，十指分工，包键到指，分工明确，如下图所示。

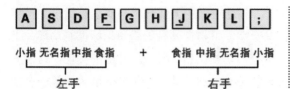

2. 各手指的负责区域

每个手指除了控制指定的基本键外，还要控制其他键，这些键称为该手指的范围键。开始输入时，左手小指、无名指、中指和食指应分别虚放在【A】【S】【D】【F】键上，右手食指、中指、无名指和小指分别虚放在【J】【K】【L】【；】键上，两个大拇指则虚放在空格键上。基本键是输入时手指所处的基准位置，敲击其他任何键时手指都是从这里出发，击完之后再退回到基本键，如下图所示。

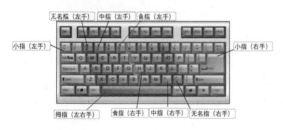

（1）左手食指：负责【4】【5】【R】【T】【F】【G】【V】【B】八个键。

（2）左手中指：负责【3】【E】【D】【C】四个键。

（3）左手无名指：负责【2】【W】【S】【X】四个键。

（4）左手小指：负责【1】【Q】【A】【Z】四个键及Tab【Caps Lock】【Shift】等键。

（5）右手食指：负责【6】【7】【Y】【U】【H】【J】【N】【M】八个键。

（6）右手中指：负责【8】【I】【K】【，】四个键。

（7）右手无名指：负责【9】【O】【L】【.】四个键。

（8）右手小指：负责【O】【P】【；】【/】四个键，以及【-】【=】【\】【Backspace】【［】【］】【Enter】【，】【Shift】等键。

（9）两手大拇指：负责空格键。

3. 特殊字符输入

键盘的主键盘区上方及右侧有一些特殊的按键，在它们的标示中都有两个符号，位于上方的符号是无法直接输入的，只有同时按【Shift】键与所需的符号键，才能输入这个符号。例如，输入一个感叹号"!"的指法是，右手小指按住右边【Shift】键，左手小指敲击【1】键。

1.5 实战3：正确启动和关闭电脑

要使用电脑进行办公，最基本的就是学会启动和关闭电脑。作为初学者，首先需要了解启动电脑的顺序，以及在不同情况下采用的启动方式，其次还需要了解如何关闭电脑及在不同情况下关闭电脑的方式。

1.5.1 重点：启动电脑

正常启动是指在电脑尚未开启的情况下进行启动，也就是第一次启动电脑。启动电脑的正确顺序：先打开电脑的显示器，然后打开主机的电源。启动电脑的具体步骤如下。

第1步 连通电源，打开显示器电源开关，再按下主机电源按钮，电脑自检后，进入Windows加载界面，如下图所示。

第2步 加载完成后，即可进入下图所示的锁屏界面。

第3步 按键盘上的任意键进入登录界面，在文本框中输入密码，单击【提交】按钮 → 或按【Enter】键，如下图所示。

第4步 正常启动电脑后，即可看到Windows 11系统桌面，此时表示已经开机成功，如下图所示。

1.5.2 重点：关闭电脑

电脑使用完毕后，应当将其关闭。关闭电脑的顺序与开机顺序相反，先关闭主机，再关闭显示器。关闭主机时不能直接按电源键关闭，需要对电脑进行操作。关闭电脑常用的方法有以下4种。

方法一：使用【开始】菜单关机。

单击Windows 11任务栏中的【开始】按钮▦，在弹出的【开始】菜单中单击【电源】按钮⏻，然后在弹出的子菜单中单击【关机】命令，如下图所示。

此时，如无正在运行的程序，即可关闭电脑，如下图所示。

方法二：右击【开始】按钮关机。

右击【开始】按钮，在弹出的菜单中选择【关机或注销】菜单命令，再在弹出的子菜单中单击【关机】命令，如下图所示。

方法三：使用【Alt+F4】组合键关机。

在关机前先关闭所有的程序，然后按【Alt+F4】组合键快速调出【关闭Windows】对话框，单击【确定】按钮或【Enter】键即可关机，如下图所示。

方法四：死机时的关机。

当电脑在使用过程中出现了蓝屏、花屏、死机等非正常现象时，就不能按照正常关闭电脑的方法来关机了。此时应该先重新启动电脑（见1.5.3节），若不行，再进行复位启动，如果复位启动还是不行，则只能进行手动关机。方法是：先按住主机机箱上的电源按钮3~5秒，待主机电源关闭后，再关闭显示器的电源开关。

┃提示┃::::::

电脑主机关闭后，是否关闭显示器因人而异。如果长时间不用电脑，建议关闭显示器并关闭总电源；如果经常使用，则可以视个人习惯，关闭的话，可以减少耗电；不关闭的话，可以减少打开显示器的流程。

1.5.3 重点：重启电脑

在使用电脑的过程中，如果安装了某些应用软件或对电脑进行了新的配置，经常会被要求重新启动电脑，具体操作步骤如下。

第1步 保存所有文档后，单击任务栏中的【开始】按钮■，在弹出的【开始】菜单中单击【电源】按钮⏻，在弹出的子菜单中单击【重启】命令，如下图所示。

第2步 此时，电脑进行重启，如下图所示。

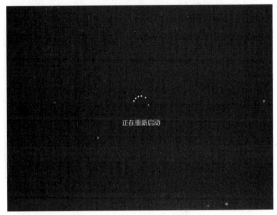

如果电脑出现了蓝屏、花屏、死机等非正常现象时，也可以强制重启，即按电脑主机上的【重启】键进行重启。如果电脑主机上没有【重启】键，则只能强制关机。

◇ 快速锁屏，保护隐私

如果要暂时离开电脑，为了保护个人隐私，最简单的办法就是将电脑锁屏，这样，任何人在不知道密码的情况下都无法访问电脑内部文件。最快捷的锁屏方法是同时按【Windows】键■和【L】键■，即可进入Windows锁定界面，如下图所示。

如果要唤醒电脑，则按键盘任意键或单击

鼠标，即可重新唤醒电脑，进入Windows 11登录界面。输入电脑密码进入桌面，如下图所示。

◇ **解决左手使用鼠标的问题**

如果左利手朋友习惯使用左手操作，可以设置左手使用鼠标的使用习惯，具体操作步骤如下。

第1步 右击【开始】按钮 ▦，在弹出的菜单中选择【设置】选项，如下图所示。

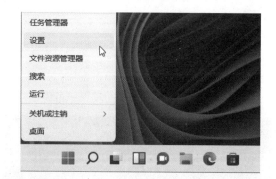

第2步 弹出【设置】面板，选择【蓝牙和其他设备】选项后，单击右侧区域中的【鼠标】选项，如下图所示。

第3步 进入【蓝牙和其他设备 > 鼠标】界面，单击【向左键】右侧的下拉按钮 ∨，如下图所示。

第4步 在弹出的下拉列表中选择【向右键】，即可完成设置，如下图所示。

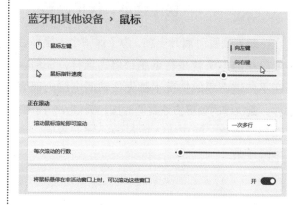

第2章

快速入门——
轻松掌握Windows 11操作系统

本章导读

　　Windows 11 操作系统是由美国微软公司研发的跨平台、跨设备的封闭性系统，相较于 Windows 10 操作系统，Windows 11 在界面和功能上都做出了很大的改变。本章将介绍 Windows 11 操作系统的基本操作。

思维导图

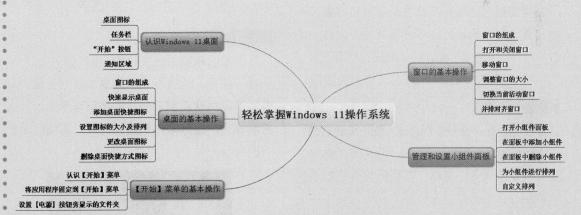

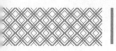

2.1 认识 Windows 11 桌面

电脑启动成功后，屏幕上显示的画面就是桌面，桌面上放置了不同的桌面图标，系统中的程序集中在【开始】菜单中。如下图所示为Windows 11桌面。

1. 桌面图标

桌面图标是各种文件、文件夹和应用程序等的桌面标志，图标下面的文字是该对象的名称，双击桌面图标可以打开该文件、文件夹或应用程序。初装Windows 11系统，桌面上只有"回收站"和"Microsoft Edge"两个桌面图标。

2. 任务栏

任务栏是一个长条形区域，位于桌面底部，在Windows 11操作系统中采用居中式的布局，桌面默认包含8个图标，当其他程序启动后，程序图标也会居中显示在任务栏中，如下图所示。如果不习惯居中式布局，也可以通过【设置】应用将其设置为左对齐，如下图所示。

3. 【开始】按钮

单击任务栏中间的【开始】按钮▦或按键盘

上的【Windows】键，即可打开【开始】菜单。Windows 11操作系统中取消了动态磁贴，取而代之的是全新的、简化的图标及智能推荐列表，使用户可以更快地访问应用，如下图所示。

4. 通知区域

通知区域位于任务栏的右侧，其中包含一些程序图标，这些程序图标提供网络连接、声音等事项的状态和通知。安装新程序时，可以将新程序的图标添加到通知区域。通知区域如下图所示。

新安装的电脑的通知区域中已有一些图标，某些程序在安装过程中会自动将图标添加到通

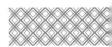

知区域。用户可以更改通知区域的图标和通知。对于某些特殊图标（也称系统图标），还可以选择是否显示它们。

用户可以通过将图标拖曳到想要的位置，来更改图标在通知区域的顺序及隐藏图标的顺序。

另外，可以单击通知区域中的时间区域或按【Windows+N】组合键，打开通知中心，上面是通知信息，底部为日历，如下图所示。

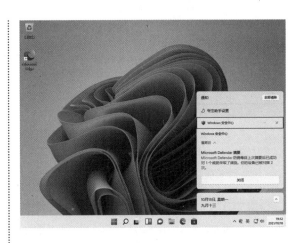

2.2 实战 1：桌面的基本操作

在Windows操作系统中，所有的文件、文件夹及应用程序都由形象化的图标表示。

2.2.1 桌面的组成

刚装好的Windows 11操作系统，桌面上只有【回收站】和【Microsoft Edge】两个桌面图标，用户可以添加【网络】和【控制面板】等系统图标，具体操作步骤如下。

第1步 在桌面空白处右击，在弹出的快捷菜单中选择【个性化】选项，如下图所示。

第2步 弹出【设置】面板，在其中选择【个性化】→【主题】选项，如下图所示。

第3步 在【个性化>主题】面板内，找到【相关设置】区域，单击【桌面图标设置】选项，如下图所示。

第4步 弹出【桌面图标设置】对话框，在其中选中需要添加的系统图标复选框，并单击【确定】按钮，如下图所示。

第5步 返回桌面，选择的图标即可添加在桌面上，如下图所示。

2.2.2 重点：快速显示桌面

当打开多个程序或窗口时，如果要返回桌面，就需要逐个关闭或最小化程序，那么，如何快速显示桌面呢？下面介绍3种常用的方法。

第1种：右击【开始】按钮▦，在弹出的菜单中选择【桌面】命令，即可快速显示桌面，如下图所示。

第2种：单击任务栏最右侧的【显示桌面】按钮，即可快速显示桌面，如下图所示。

第3种：按【Windows+D】组合键，即可快速显示桌面。

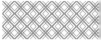

2.2.3 重点：添加桌面快捷图标

为了方便使用，可以将文件、文件夹和应用程序的图标添加到桌面上。

1. 添加文件或文件夹图标

添加文件或文件夹图标的具体操作步骤如下。

第1步 右击需要添加的文件夹，在弹出的快捷菜单中选择【显示更多选项】命令，如下图所示。

第2步 在展开的选项中，选择【发送到】→【桌面快捷方式】命令，如下图所示。

第3步 经过以上步骤，此文件夹图标就添加到桌面了，如下图所示。

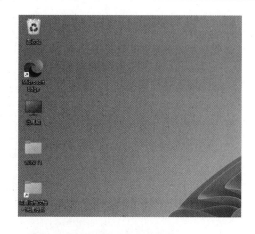

2. 添加应用程序桌面图标

用户也可以把程序的快捷方式添加到桌面上，具体操作步骤如下。

第1步 单击【开始】按钮，打开【开始】菜单，单击【所有应用】按钮，如下图所示。

第2步 打开【所有应用】列表，右击程序，在弹出的快捷菜单中选择【更多】→【打开文件位置】选项，如下图所示。

第3步 在打开的文件夹中，右击程序图标，在弹出的快捷菜单中展开更多项，选择【发送到】→【桌面快捷方式】选项，如下图所示。

| 提示 |

用户可以在"C:\ProgramData\Microsoft\Windows\Start Menu\Programs"路径下查看所有的程序图标，并进行"发送"操作。

第4步 返回桌面，可以看到桌面上已经添加了一个程序快捷方式图标，如下图所示。

2.2.4 重点：设置图标的大小及排列

如果桌面上的图标比较多，会显得很乱，这时可以通过设置桌面图标的大小和排列方式等来整理桌面，具体操作步骤如下。

第1步 右击桌面的空白处，在弹出的快捷菜单中选择【查看】选项，弹出的子菜单中显示3种图标大小，包括大图标、中等图标和小图标，本实例选择【小图标】选项，如下图所示。

第2步 返回桌面，此时桌面图标已经以小图标的方式显示，如下图所示。

第3步 在桌面的空白处右击，然后在弹出的快捷菜单中选择【排列方式】选项，弹出的子菜单中有4种排列方式，分别为名称、大小、项目

类型和修改日期。本实例选择【项目类型】选项，如下图所示。

第4步 返回桌面，图标的排列方式已按【项目类型】进行排列，如下图所示。

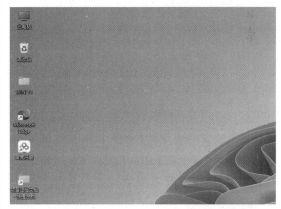

2.2.5 更改桌面图标

根据需要，用户还可以更改桌面图标的名称和标识等，具体操作步骤如下。

第1步 选择需要修改名称的图标并右击，在弹出的快捷菜单中选择【重命名】选项，如下图所示。

第2步 进入图标的编辑状态，直接输入名称，

如下图所示。

第3步 按【Enter】键确认名称，如下图所示。

第4步 打开【桌面图标设置】对话框，在【桌面图标】选项卡中选择要更改标识的桌面图标，本实例选中【计算机】图标，然后单击【更改图标】按钮，如下图所示。

第5步 弹出【更改图标】对话框，从【从以下列表中选择一个图标】列表框中选择一个自己喜欢的图标，然后单击【确定】按钮，如下图所示。

第6步 返回【桌面图标设置】对话框，单击【确定】按钮，如下图所示。

| 提示 |

　要将更换的图标恢复到初始图标，在该对话框中单击【还原默认值】按钮即可。

第7步 返回桌面，可以看到【计算机】图标已

经发生了变化，如下图所示。

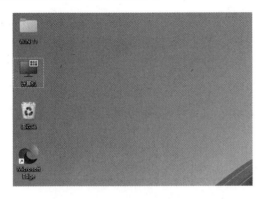

> **｜提示｜**∶∶∶∶∶∶∶
>
> 　　用户更改【主题】效果，也会改变图标的样式。

2.2.6　删除桌面快捷方式图标

对于桌面上不常用的快捷方式图标，可以将其删除，这样不但有利于管理，同时可以使桌面看起来更简洁美观。

1. 使用【删除】命令

使用【删除】命令删除图标的具体操作步骤如下。

第1步 在桌面上选择程序图标并右击，在弹出的快捷菜单中单击【删除】按钮 🗑，如下图所示。

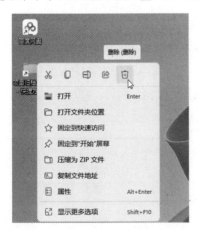

第2步 删除的图标被放在【回收站】中，单击【还原】按钮，用户还可以将其还原，如下图所示。

2. 利用快捷键删除

选择需要删除的桌面图标，按【Delete】键即可将图标删除。如果想彻底删除桌面图标，按【Delete】键的同时按【Shift】键，此时会弹出【删除快捷方式】对话框，提示"你确定要永久删除此快捷方式吗？"，单击【是】按钮，如下图所示。

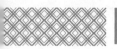

3. 直接拖曳到"回收站"中

选择要删除的桌面图标，按住鼠标左键直

接拖曳至"回收站"图标上，即可将其从桌面删除，如下图所示。

2.3 实战 2：【开始】菜单的基本操作

【开始】菜单是Windows 11操作系统的中央控制区域，默认状态下，【开始】按钮位于任务栏的中间位置，是Windows的标识▦，它不仅存放了操作系统或设置系统的绝大多数命令，还包含了所有的应用程序列表、推荐的项目列表及账户、电源按钮，用户可以通过【开始】菜单完成大部分Windows操作。本节将介绍【开始】菜单的基本操作。

2.3.1 认识【开始】菜单

单击桌面左下角的【开始】按钮▦，即可弹出【开始】菜单，主要由搜索框、【已固定】程序图标、【所有应用】按钮、【推荐的项目】列表、【用户】按钮及【电源】按钮组成，如下图所示。

1. 搜索框

单击搜索框，即可切换至【搜索】对话框。用户在搜索框中可以直接输入关键词，搜索相关的应用、文档、网页、照片等，如下图所示。

2. 【已固定】程序列表和【所有应用】按钮

已固定程序列表中，固定了常用的程序图标，如Edge、邮件、日历、Microsoft Store、图片等，单击程序图标，即可启动该程序。

单击【所有应用】按钮，即可打开【所有应用】列表。列表中显示了电脑中安装的所有应用程序，滚动鼠标滚轮或拖动滑块，可以浏览列表，如下图所示。

3. 【推荐的项目】列表

【推荐的项目】列表中显示了最近的安装程序、文档等。列表中最多显示6个项目，当超过6个项目时，右侧会显示【更多】按钮 更多 ，如下图所示。

单击【更多】按钮即可打开【推荐的项目】列表，如下图所示。

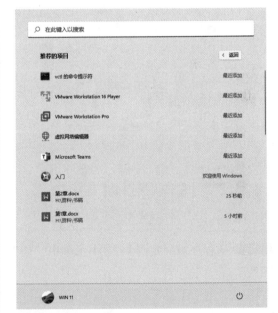

4. 【用户】按钮

单击【用户】按钮，弹出如下图所示的菜单，用户可以进行更改账户设置、锁定及注销操作。

操作，包括【睡眠】【关机】【重启】3个选项，如下图所示。

5.【电源】按钮 ⏻

【电源】按钮 ⏻ 主要是用来对电脑进行关闭

2.3.2 重点：将应用程序固定到【开始】菜单

在Windows 11操作系统中，用户可以将常用的应用程序或文档固定到【开始】菜单中，以方便快速查找与打开。将应用程序固定到【开始】菜单的操作步骤如下。

第1步 打开应用程序列表，找到需要固定到【开始】菜单中的应用程序图标，右击该图标，在弹出的快捷菜单中选择【固定到"开始"屏幕】选项，如下图所示。

第2步 该程序被固定到【开始】菜单中，如下图所示。

第3步 如果想要将某个应用程序从【开始】菜单中删除，可以右击该应用程序图标，在弹出的快捷菜单中选择【从"开始"屏幕取消固定】选项即可，如下图所示。

第4步 在弹出的快捷菜单中选择【移到顶部】选项，可将该图标移至首位，如下图所示。

2.3.3 重点：设置【电源】按钮旁显示的文件夹

"开始"菜单下方只有【用户】和【电源】按钮，用户可以根据需要设置更多的按钮，方便快速操作，具体操作步骤如下。

第1步 单击任务栏中的【设置】图标⚙或按【Windows+I】组合键，即可打开【设置】面板，如下图所示。

第2步 选择【设置】面板左侧的【个性化】选项卡，然后选择【开始】选项，如下图所示。

第3步 进入【开始】界面，选择【文件夹】选项，如下图所示。

第4步 进入【文件夹】界面，即可看到下面展示了9个选项，用户可根据需要选择要在【电源】按钮旁显示的文件夹，如下图所示。

第5步 本实例选择将【文档】【下载】【音乐】的开关按钮设置为【开】，如下图所示。

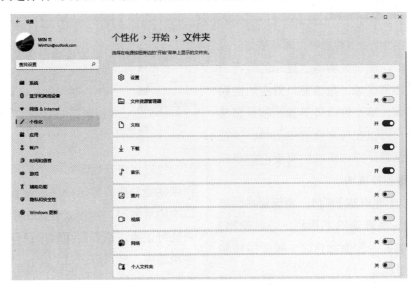

第6步 按【Windows】键，打开【开始】菜单，即可看到【电源】按钮旁显示的文件夹，如下图所示。

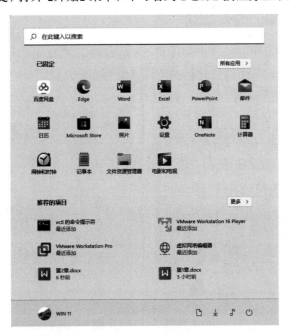

2.4 实战 3：窗口的基本操作

在Windows 11操作系统中，窗口是用户界面中最重要的组成部分，对窗口的操作是最基本的操作。

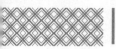

2.4.1 窗口的组成

在Windows 11操作系统中，屏幕被划分成许多框，即窗口。窗口是屏幕上显示的运行一个应用程序的矩形区域，是该窗口对应的应用程序的可视界面，每个窗口负责显示和处理某一类信息，用户可以在任意窗口中工作，并在各窗口间交换信息。操作系统中有专门的窗口管理软件来管理窗口操作。

下图所示为【此电脑】窗口，由标题栏、菜单栏、地址栏、快速访问工具栏、导航窗格、内容窗口、搜索栏、控制按钮区、视图按钮和状态栏等部分组成。

每当用户开始运行一个应用程序时，应用程序就会创建并显示一个窗口；当用户操作窗口中的对象时，程序就会做出相应的反应。用户既可以通过选择应用程序窗口来操作相应的应用程序，又可以通过关闭一个窗口来终止一个程序的运行。

2.4.2 重点：打开和关闭窗口

打开窗口的常见方法有两种，即利用【开始】菜单或桌面快捷图标。下面以打开【画图】窗口为例，介绍如何利用【开始】菜单打开窗口，具体操作步骤如下。

第1步 单击【开始】按钮 ，打开【开始】菜单，单击【所有应用】按钮，如下图所示。

第2步 在所有程序列表中选择【画图】命令，如下图所示。

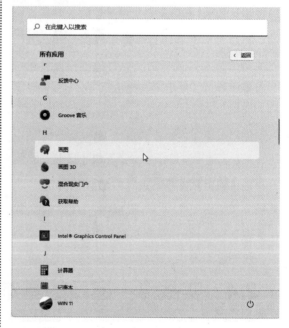

第3步 打开【画图】窗口，如下图所示。

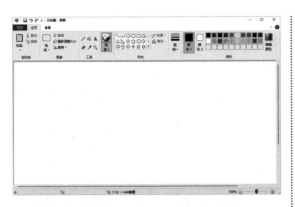

使用完软件后，用户可以将其关闭。下面以关闭【画图】窗口为例介绍常见的几种关闭窗口的方法。

1. 利用菜单命令

在【画图】窗口中单击【文件】按钮，在弹出的菜单中选择【退出】命令，如下图所示。

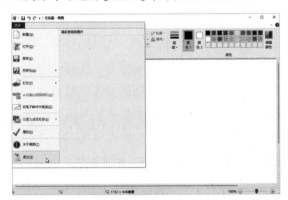

2. 利用【关闭】按钮

单击【画图】窗口右上角的【关闭】按钮 × 即可关闭窗口，如下图所示。

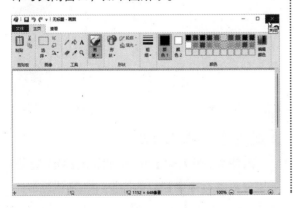

3. 利用【标题栏】

在标题栏上右击，在弹出的快捷菜单中选择【关闭】命令即可，如下图所示。

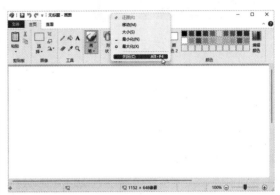

4. 利用【任务栏】

在任务栏中的【画图】程序图标上右击，在弹出的快捷菜单中选择【关闭所有窗口】命令，如下图所示。

5. 利用软件图标

单击【画图】窗口左上角的【画图】图标，在弹出的快捷菜单中选择【关闭】命令即可，如下图所示。

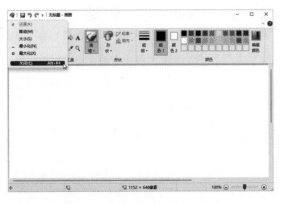

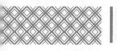

6. 利用键盘组合键

在【画图】窗口中按【Alt+F4】组合键，即可关闭窗口。

2.4.3　重点：移动窗口

在Windows 11操作系统中，如果打开多个窗口，会出现多个窗口重叠的情况。对此，用户可以将窗口移动到合适的位置，具体操作步骤如下。

第1步 将鼠标指针放在需要移动的窗口的标题栏上，此时鼠标指针是 形状，如下图所示。

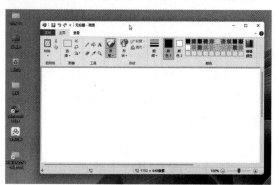

第2步 按住鼠标左键，将窗口拖曳到需要的位置，释放鼠标即可完成窗口位置的移动，如下图所示。

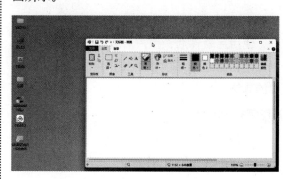

2.4.4　重点：调整窗口的大小

默认情况下，打开的窗口大小和上次关闭时的窗口大小一样，用户可以根据需要调整窗口的大小。下面以调整【画图】软件的窗口为例，介绍调整窗口大小的方法。

1. 利用窗口按钮调整窗口大小

【画图】窗口右上角包括【最小化】【最大化/向下还原】两个按钮。单击【最大化】按钮，则【画图】窗口将扩展到整个屏幕，显示所有的窗口内容。此时的【最大化】按钮变成【向下还原】按钮，单击该按钮，即可将窗口恢复到原来的大小。

单击【最小化】按钮 － ，则【画图】窗口会最小化到任务栏上，用户要想显示窗口，需要

单击任务栏上的程序图标，如下图所示。

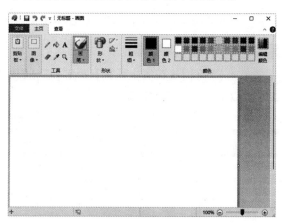

2. 手动调整窗口的大小

除使用【最大化】和【最小化】按钮外，还可以使用鼠标拖曳窗口的边框，任意调整窗口

的大小。用户将鼠标指针移动到窗口的边缘，鼠标指针变为↕或↔形状时，可上下或左右调整边框，以纵向或横向改变窗口大小。将鼠标指针移动到窗口的四个角，鼠标指针变为↖或↗形状时，拖曳鼠标，可沿对角线放大或缩小窗口。

第1步 在窗口的四个角拖曳鼠标，可以同时调整窗口的宽和高。例如，将鼠标指针放在窗口的右下角，鼠标指针变为↖形状，如下图所示。

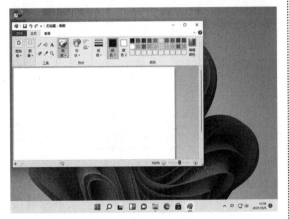

第2步 按住鼠标左键并拖曳鼠标，将窗口调整到合适大小，释放鼠标即可，如下图所示。

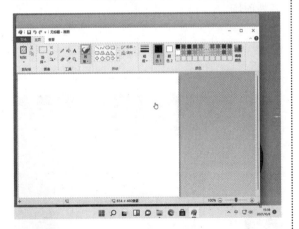

| 提示 |

调整窗口大小时，如果将窗口调整得太小，以至于没有足够空间显示窗格，窗格的内容就会自动"隐藏"起来，此时只需将窗口调大一些，即可正常显示窗口的内容。

3. 滚动条

在调整窗口大小时，如果窗口调整得太小，而窗口中的内容超出了当前窗口显示的范围，则窗口右侧或底端会出现滚动条；当窗口可以显示所有的内容时，那么窗口中的滚动条就会消失，如下图所示。

向上滚动按钮：单击一下，向上滚动一列

滑块：按住【滑块】拖曳，工作区中的内容也会跟着滚动

向下滚动按钮：单击一下，向下滚动一列

| 提示 |

当滑块很长时，表示当前窗口中隐藏的文件内容很少；当滑块很短时，则表示隐藏的文件内容很多。

2.4.5　重点：切换当前活动窗口

虽然在Windows 11操作系统中可以同时打开多个窗口，但是当前活动窗口只有一个。根据需要，用户可以在各个窗口之间进行切换操作。

1. 利用程序按钮区

每个打开的程序在任务栏中都有一个相对应的程序图标按钮。将鼠标指针放在程序图标按钮上，即可弹出预览窗口，单击预览窗口即可打开对应的窗口，如下图所示。

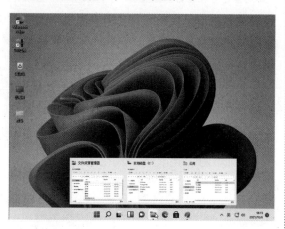

此时如果程序有打开的窗口，则任务栏中的图标下方有"短粗线"标识 ；如果程序的窗口为活动窗口，则图标下方为蓝色的"较长粗线"标识 。

2. 利用【Alt+Tab】组合键

利用【Alt+Tab】组合键可以快速实现各个窗口的切换。按【Alt+Tab】组合键弹出窗口缩略图后松开【Tab】键，按住【Alt】键不放，然后再按【Tab】键，可以在不同的窗口缩略图之间进行切换。选择需要的窗口缩略图后，松开按键，即可打开相应的窗口，如下图所示。

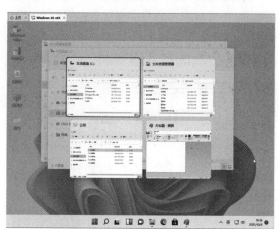

3. 利用【Alt+Esc】组合键

按【Alt+Esc】组合键，即可在各个程序窗口之间依次切换，系统按照从左到右的顺序依次进行选择。这种方法和上种方法相比，比较耗费时间。

2.4.6 新功能：并排对齐窗口

如果桌面上的窗口很多，运用上述方法逐个移动很麻烦，用户可以通过设置窗口的显示形式对窗口进行排列。下面介绍"并排对齐窗口"的具体步骤。

第1步 按【Windows+→/←】组合键，可自动将窗口完全贴靠到屏幕两侧，无须手动调整大小或定位。

第2步 打开要调整的窗口，按【Windows】键不放，按左右方向键，如按右键【→】，如下图所示。

第3步 当前窗口自动贴靠到屏幕右侧，无须手动调整大小或定位，如下图所示。

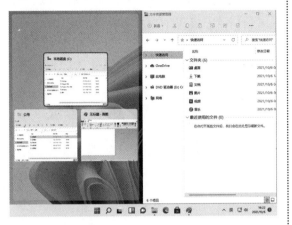

第4步 按【Windows+←】组合键，则窗口自动贴靠到屏幕左侧，如下图所示。

第5步 在右侧屏幕中选择一个窗口，则两个窗口会并排对齐显示，如下图所示。

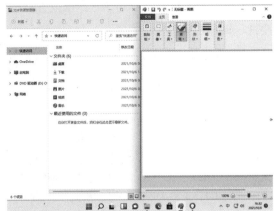

2.5 实战 4：管理和设置小组件面板

在Windows 11操作系统中，小组件取代了Windows 10中的动态磁贴，基于Edge浏览器与AI，用户可以获取自己关心的新闻、天气变化及消息通知等，类似于手机上的管理视图。另外，小组件具有出色的扩展性和交互性，用户可以自由编辑和增加更多的互动按钮。本节将介绍如何管理和设置小组件面板。

2.5.1 新功能：打开小组件面板

要访问并使用小组件，用户需要先登录Microsoft账户，具体的打开方法如下。

新手学电脑
从入门到精通（Windows 11+Office 2021 版）

第1步 单击任务栏中的【小组件】图标 ▣，即可打开小组件面板。如果未使用Microsoft账户，则电脑提示"登录以使用小组件"，单击【登录】按钮，如下图所示。

| 提示 | ::::::::

按【Windows+W】组合键，可以快速打开小组件面板。

第2步 系统弹出【Microsoft 登录】对话框后，输入账户，并单击【下一步】按钮，如下图所示。

| 提示 | ::::::::

如果没有账户，则单击【没有账户？创建一个！】按钮，创建一个新账户。

第3步 输入账户密码，单击【登录】按钮，如下图所示。

第4步 此时可看到小组件面板中包含多个小组件，如下图所示。

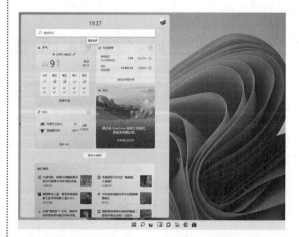

2.5.2　新功能：在面板中添加小组件

　　用户可以根据需要在面板中添加小组件，具体操作步骤如下。

第1步　按【Windows+W】组合键打开小组件面板，单击面板右上角的账户头像或面板中间的【添加小组件】按钮，如下图所示。

第2步　弹出【小组件设置】控件，其中显示了 8 个组件。选择要添加的组件，单击其右侧的 ⊕ 按钮，如下图所示。

第3步　此时右侧的 ⊕，按钮变为 ✓，单击【关闭浮出控件】按钮✕，如下图所示。

第4步　返回小组件面板，即可看到添加的小组件，如下图所示。

2.5.3 新功能：从面板中删除小组件

除了添加小组件外，用户还可以删除不需要的小组件，具体操作步骤如下。

第1步 打开小组件面板，单击小组件右上角的【更多】按钮···，在弹出的快捷菜单中，选择【删除小组件】命令，如下图所示。

第2步 此时该组件已从面板中删除，如下图所示。

2.5.4 新功能：对小组件进行排列

用户可以根据需要，对小组件的显示顺序进行排列，将经常关注的组件排到最上方，下面介绍下其操作方法。

第1步 打开小组件面板，将鼠标光标悬停至小组件上，此时光标变为形状，如下图所示。

第2步 此时按住小组件，将其拖曳到所需位置，如下图所示。

第3步 拖曳其他小组件，调整组件的位置，如下图所示。

第4步 用户在排列小组件的过程中，还可以单击小组件右上角的【更多】按钮，在弹出的快捷菜单中选择小组件的大小，便于小组件的排列，如下图所示。

2.5.5 新功能：自定义小组件

在小组件面板中，用户可以自定义小组件，如自定义天气组件的默认位置、添加监视股市行情的组件等，下面介绍具体操作步骤。

第1步 单击小组件右上角的【更多】按钮，在弹出的快捷菜单中，选择【自定义小组件】选项，如下图所示。

第2步 在【Outlook日历】小组件上，单击【全部显示】按钮，如下图所示。

第3步 在显示的列表中勾选要显示的日历，单击【保存】按钮，如下图所示。

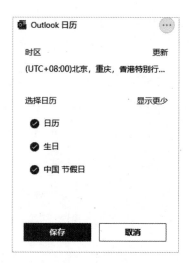

第4步 此时可看到自定义的小组件，如下图所示。

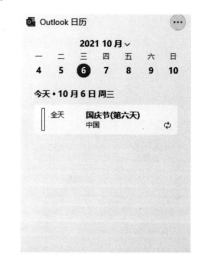

举一反三

使用多桌面高效管理工作

　　虚拟桌面也称多桌面，用户可以把程序放在不同的桌面上，从而让工作更加有条理。这一功能对于办公室人员是比较实用的，既可以根据不同的项目、场景设置不同的桌面，又可以用于生活的不同部分，如一个办公桌面、一个娱乐桌面。通过虚拟桌面功能，可以为一台电脑创建多个桌面，并且不同桌面可以相互切换。下面介绍多桌面的使用方法与技巧，最终的显示效果如下图所示。

创建多桌面的具体操作步骤如下。

第1步 单击任务栏中的【任务视图】按钮，在弹出的浮框中选择【新建桌面】，如下图所示。

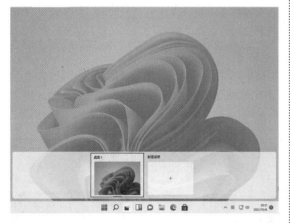

第2步 此时即可新建一个"桌面2"，如下图所示。

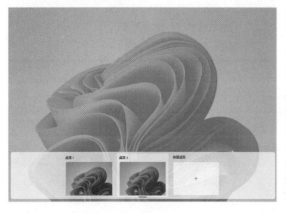

第3步 右击"桌面2"，在弹出的快捷菜单中选

择【重命名】选项，如下图所示。

第4步 此时，"桌面2"的名称处于可编辑状态，输入"学习"，即可将"桌面2"命名为"学习"，如下图所示。

第5步 使用同样的方法，命名"桌面1"为"工作"，如下图所示。

第6步 单击"学习"桌面缩略图，即可进入"学习"桌面，可以打开任意桌面程序，如下图所示。

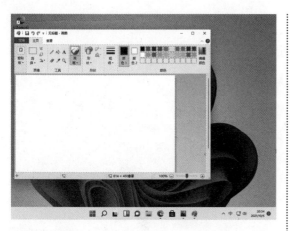

第7步　单击【任务视图】按钮 ，即可看到"学习"桌面中的程序窗口，如下图所示。

第8步　在其中右击任意一个窗口缩略图，并在弹出的快捷菜单中选择【移动到】→【工作】选项，如下图所示。

第9步　此时即可将"学习"中的窗口移动到"工作"之中，如下图所示。

| 提示 |

　　用户可以按【Windows+Ctrl】+左右方向键快速切换桌面。

第10步　另外，用户还可以右击桌面缩略图，在弹出的快捷菜单中选择【选择背景】选项，设置不同的桌面背景，以方便区分，如下图所示。

| 提示 |

　　如果要关闭虚拟桌面，将鼠标光标移至缩略图上，单击【关闭】按钮即可。

◇ 新功能：快速对多窗口进行布局

Windows 11推出了全新的贴靠布局功能，当用户处理多窗口时，可以使用该功能快速整理窗口和优化屏幕空间，以便在干净整洁的桌面布局中处理工作，具体操作步骤如下。

第1步 将鼠标光标悬停在活动窗口【最大化】按钮 □ 上方，即可弹出贴靠布局选项，如下图所示。

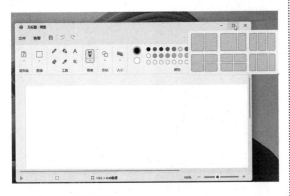

> **提示**
>
> 用户也可以按【Windows+Z】组合键，打开贴靠布局选项。

第2步 选择一种贴靠布局，并选择当前窗口所处的位置，如下图所示。

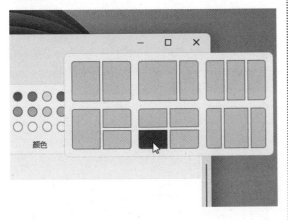

第3步 此时会显示所选的贴靠布局，如下图所示。

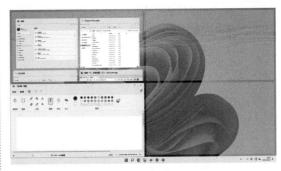

第4步 单击屏幕左上侧的布局，选择要显示的窗口，即可显示该窗口。

第5步 使用同样方法，在右侧两个布局中选择贴靠的窗口，如下图所示。

第6步 将鼠标光标移至 ▣ 图标上，即可看到预览图中的布局窗口以"组"的形式显示。单击右上角的【关闭】按钮，可将布局中的所有窗口关闭，如下图所示。

┃提示┃ ┊┊┊┊┊┊

　　用户也可以右击"组"预览窗口，在弹出的菜单中选择【关闭组】选项，即可关闭窗口，如下图所示。

◇ 使用专注助手高效工作

　　Windows 11中的专注助手功能类似手机中的免打扰模式，打开该模式后系统会禁止所有

通知，如系统消息、应用消息、邮件通知、社交信息等，这样有利于用户集中精力学习和工作。关闭该模式后，其间禁止的通知都会重新展示，并优先显示重点的通知，方便用户逐一处理，具体步骤如下。

第1步 按【Windows+N】组合键，打开通知中心，选择【专注助手设置】选项，如下图所示。

第2步 在打开的面板中单击【专注助手】选项，在右侧窗口中显示了关闭专注助手、仅优先通知和仅闹钟3种模式，用户可以根据自己的需要进行选择，如下图所示。

第3步 如果选中【仅优先通知】单选按钮，需要设置优先级名单，单击【优先级列表】超链接，可以设置呼叫、短信和提醒、人脉及应用的优先级名单，如下图所示。

第3章

个性定制——
个性化设置操作系统

本章导读

　　作为新一代的操作系统，Windows 11 进行了重大的变革，不仅延续了 Windows 家族的传统，而且带来了更多新的体验、更简洁的界面。本章主要介绍电脑的显示设置、系统桌面的个性化设置、用户账户的设置等。

思维导图

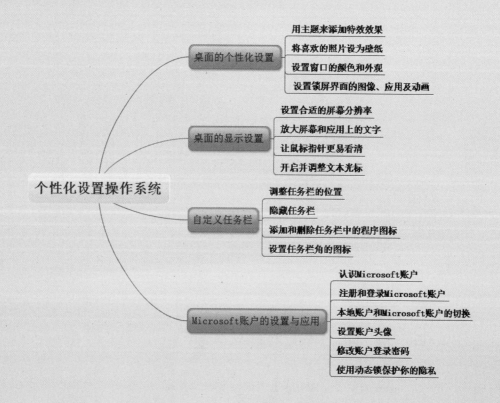

3.1 实战 1：桌面个性化设置

对于电脑的显示效果，用户可以进行个性化操作，如设置主题、设置壁纸、设置窗口外观及锁屏界面等。

3.1.1 重点：设置桌面的主题效果

主题是桌面背景图片、窗口颜色和声音的组合，用户可对主题进行设置，具体操作步骤如下。

第1步 在桌面的空白处右击，在弹出的快捷菜单中选择【个性化】选项，如下图所示。

第2步 弹出【设置-个性化】面板，此时可看到【选择要应用的主题】区域下包含了6个主题，单击要应用的主题，如下图所示。

第3步 此时，在缩略图左侧的预览图中可看到应用的效果，如下图所示。

第4步 按【Windows+D】组合键显示桌面，即可看到应用后的主题效果，如下图所示。

第5步 再次打开【设置-个性化】面板，选择【主题】选项，如下图所示。

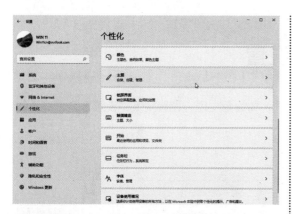

第6步 进入【个性化>主题】页面，单击下方的【背景】【颜色】【声音】和【鼠标光标】选项，可逐个更改设置，如下图所示。

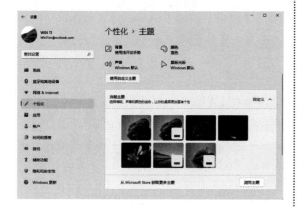

第7步 若想应用更多主题，单击【浏览主题】按钮，即可转入【Microsoft Store】中的【主题】界面，此时可以看到更多的主题效果，单击选择喜欢的主题，如下图所示。

第8步 进入选择的主题界面，单击【获取】按钮，如下图所示。

| 提示 |

如果要获取【Microsoft Store】中的主题，需要登录Microsoft账户才能下载。

第9步 登录Microsoft账户后，即可购买并下载选中的主题，如下图所示。

第10步 主题下载完成后，单击【打开】按钮，如下图所示。

第11步 此时该主题即可添加到应用主题列表中，并跳转到【个性化>主题】面板中，显示主题添加情况，如下图所示。

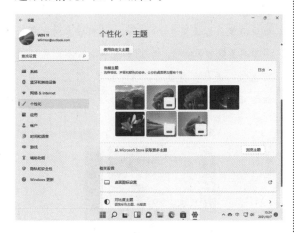

第12步 单击该主题，返回桌面即可看到添加后的效果，如下图所示。

第13步 如果要删除购买的主题，可以在【个性化>主题】面板中右击要删除的主题，然后选择弹出的【删除】命令即可，如下图所示。

3.1.2　重点：将喜欢的照片设成壁纸

桌面背景可以是个人收集的数字图片、Windows提供的图片、纯色或带有颜色框架的图片，也可以显示幻灯片图片。设置桌面背景的具体操作步骤如下。

第1步 在桌面的空白处右击，在弹出的快捷菜单中选择【个性化】选项，如下图所示。

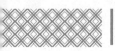
第2步 在弹出的【设置-个性化】面板中，选择【背景】选项，如下图所示。

第3步 进入【个性化>背景】界面，可以在【最近使用的图像】区域选择喜欢的背景图案，单击即可预览并应用该图片，如下图所示。

第4步 用户还可以使用纯色作为桌面背景。单击【个性化设置背景】右侧的下拉按钮，在弹出的下拉列表中可以对背景的样式进行设置，包括图片、纯色和幻灯片放映，如下图所示。

第5步 如果选择【纯色】选项，可以在下方的界面中选择相关的颜色，选择完毕后，可以在

【选择你的背景色】区域查看背景效果，如下图所示。

提示

如果希望自定义更多的颜色，可以单击【查看颜色】按钮，在弹出的【选取背景颜色】对话框中拖曳鼠标设置喜欢的颜色；也可以在对话框中单击【更多】按钮，在文本框中输入要设置的颜色值，进行预览查看，确定后单击【完成】按钮即可，如下图所示。

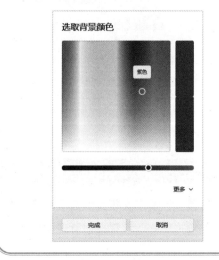

第6步 如果想以幻灯片的形式动态地显示背景，可以选择【幻灯片放映】选项，在下方的界面中设置幻灯片图片的切换频率、图片顺序等信息，如下图所示。

预览图中查看预览效果，如下图所示。

第7步 如果希望将喜欢的图片作为背景，则选择【图片】选项，然后弹出【打开】对话框，选择图片文件所在的文件夹并进行设置，单击【选择图片】按钮，即可应用该图片，如下图所示。

第8步 返回【个性化>背景】面板中，可以在

> **提示**
>
> 也可以打开图片所在文件夹，选择图片后，右击图片，单击功能区中的【设置为桌面背景】按钮，即可将其设置为桌面背景。

3.1.3 重点：设置窗口的颜色和外观

Windows 11系统自带了丰富的主题颜色和各种效果，用户可以根据喜好进行设置，本小节将介绍如何设置窗口的颜色和外观。

第1步 在桌面的空白处右击，在弹出的快捷菜单中选择【个性化】选项，如下图所示。

第2步　弹出【设置-个性化】面板，选择【颜色】选项，如下图所示。

第3步　进入【个性化>颜色】界面，可以在【Windows颜色】区域选择喜欢的主题颜色，如下图所示。

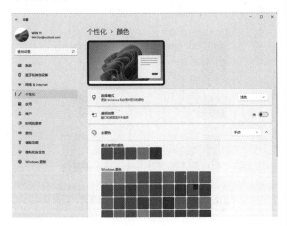

第4步　可以在【选择模式】下拉列表中选择颜色模式，如选择【深色】模式，即可应用效果，如下图所示。

第5步　单击【透明效果】右侧的开关按钮，设置为【开】，窗口和表面将显示为透明效果，如下图所示。

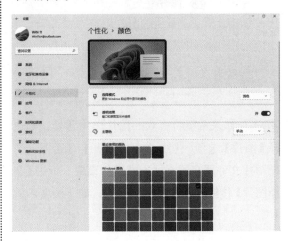

第6步　也可以设置【在"开始"和任务栏上显示重点颜色】和【在标题栏和窗口边框上显示强调色】。其中【在"开始"和任务栏上显示重点颜色】在【浅色模式】下为不可选状态，在【深色模式】下可以开启该功能，如下图所示。

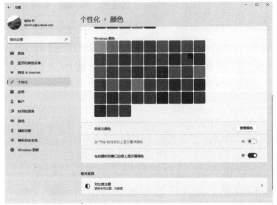

3.1.4　重点：设置锁屏界面的图像、应用及动画

Windows 11操作系统的锁屏功能主要用于保护隐私安全，同时也可以保证在电脑不关机的情况下省电，其锁屏所用的图片被称为锁屏界面。设置锁屏界面的具体操作步骤如下。

第1步　在桌面的空白处右击，在弹出的快捷菜单中选择【个性化】选项，在弹出的面板中选择【锁屏界面】选项，如下图所示。

第2步　单击个性化锁屏界面右侧的下拉按钮，在弹出的下拉列表中可以设置用于锁屏的背景，包括【Windows聚焦】【图片】和【幻灯片放映】3种类型。如选择【Windows聚焦】选项，可以在预览区查看新的锁屏界面效果，如下图所示。

第3步　用户可以选择显示详细状态，方便显示天气情况、邮件和日历事件等，如下图所示。

第4步　按【Windows+L】组合键，即进入系统锁屏状态，看到锁屏界面效果，如下图所示。

3.2 实战2：桌面显示设置

除了对桌面进行个性化设置外，用户还可以根据使用习惯，对桌面的显示进行设置，以便于自己使用电脑。如设置分辨率、放大显示桌面文字、设置鼠标和光标的外观等。

3.2.1 重点：设置合适的屏幕分辨率

屏幕分辨率是指屏幕上显示的文本和图像的清晰度。分辨率越高，项目越清楚，而屏幕上的项目越小，屏幕可以容纳的项目就越多。分辨率越低，在屏幕上显示的项目越少，但尺寸越大。设置适当的分辨率，有助于提高屏幕上图像的清晰度，具体操作步骤如下。

第1步 在桌面上的空白处右击，在弹出的快捷菜单中选择【显示设置】选项，如下图所示。

第2步 打开【设置】面板后，弹出【系统>显示】面板，进入显示设置界面，如下图所示。

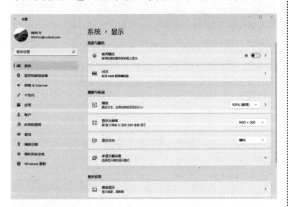

第3步 单击【显示分辨率】右侧的下拉按钮，在弹出的列表中选择需要设置的分辨率即可，如下图所示。

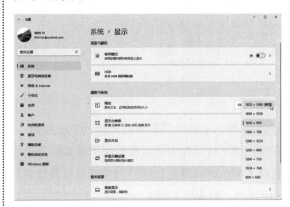

提示

更改屏幕分辨率会影响登录到此计算机上的所有用户。如果将监视器设置为它不支持的屏幕分辨率，那么该屏幕在几秒钟内将变为黑色，监视器则还原至原始分辨率。

第4步 系统会提示用户是否使用当前的分辨率，单击【保留更改】按钮，确认设置即可，如下图所示。

3.2.2 重点：放大屏幕和应用上的文字

通过对显示的设置，可以让桌面字体变得更大，具体操作步骤如下。

第1步 在桌面上的空白处右击，在弹出的快捷菜单中选择【显示设置】选项，如下图所示。

第2步 打开【显示】面板，单击【缩放】右侧的下拉按钮，系统默认值为"100%"，如果增大其百分比，可以选择"125%"，如下图所示。

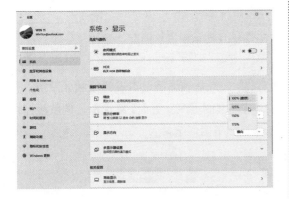

第3步 此时即可更改桌面字体的大小，如下图所示。

第4步 选择【缩放】选项，进入【自定义缩放】界面，单击【文本大小】选项，如下图所示。

第5步 进入【文本大小】界面，选择【文本大小】右侧的滑块，向右调整可以放大文字，并可在【文本大小预览】区域预览调整的文字大小效果，然后单击【应用】按钮，如下图所示。

第6步 此时，屏幕会蓝屏并显示"请稍等"，返回桌面即可看到文本大小，如下图所示。

3.2.3 让鼠标指针更易看清

鼠标指针默认形状为白色箭头状，用户可以根据使用习惯，调整它的样式及大小，具体操作步骤如下。

第1步 按【Windows+I】组合键，打开【设置】面板，选择【辅助功能】→【鼠标指针和触控】选项，如下图所示。

第2步 进入【鼠标指针和触控】界面，即可看到鼠标指针样式，如下图所示。

第3步 用户可以选择指针样式、颜色及大小，如下图所示。

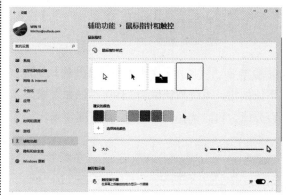

第4步 如果是触屏笔记本或其他触屏设备，可勾选【使圆圈更深、更大】复选框，调整触控指示器，如下图所示。

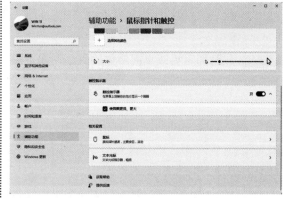

3.2.4　开启并调整文本光标

在使用电脑编辑文本的过程中，有时会遇到光标很难定位或找不到光标的问题。在Windows 11系统中，开启文本光标指示器功能，可以使文本光标突出显示，具体操作步骤如下。

第1步 按【Windows+I】组合键，打开【设置】面板，选择【辅助功能】→【文本光标】选项，如下图所示。

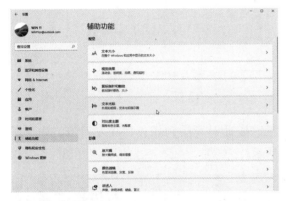

第2步 进入【文本光标】界面，将【文本光标指示器】的开关按钮设置为 开 ●，开启文本光标指示器后，用户可以设置光标大小及颜色，如下图所示。

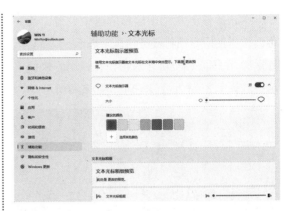

第3步 在【文本光标粗细】区域，可以调整文本光标的粗细效果，如下图所示。

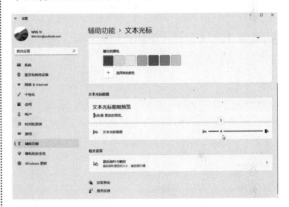

第4步 设置完毕后，在编辑文本时即可看到开启的文本光标指示器，如下图所示。

3.3 实战 3：自定义任务栏

用户在使用电脑的过程中，可以根据需要对任务栏进行自定义设置，如设置任务栏的位置和大小、在快速启动区中添加程序图标及任务栏上的通知区域等。

3.3.1 新功能：调整任务栏的位置

默认的任务栏位于屏幕的居中位置，用户可以根据使用习惯将任务栏居左显示。

第1步 在任务栏空白处右击，在弹出的快捷菜单中选择【任务栏设置】选项，如下图所示。

第2步 打开【个性化>任务栏】面板，选择【任务栏行为】选项，如下图所示。

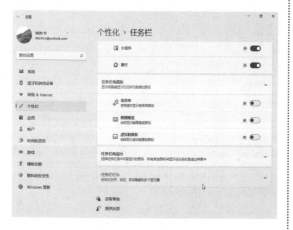

第3步 在下方展开的选项中，单击【任务栏对齐方式】右侧的下拉按钮，在弹出的列表中选择【左】选项，如下图所示。

第4步 此时可看到任务栏居左对齐，如下图所示。

3.3.2 隐藏任务栏

用户如果不希望在桌面窗口中显示任务栏，可将其隐藏，具体操作步骤如下。

第1步 打开【个性化>任务栏】面板，选择【任务栏行为】选项下的【自动隐藏任务栏】复选框，如下图所示。

面底部时，则自动显示任务栏。

第2步 此时，如果无任务操作，电脑则会自动隐藏任务栏，如下图所示。将鼠标光标移至桌

3.3.3 重点：添加和删除任务栏中的程序图标

　　Windows 11系统在初始状态下，包含了开始、搜索、任务视图、小组件、聊天、文件资源管理器、Microsoft Edge和Microsoft Store 8个图标，用户可以根据使用习惯，将常用的程序图标固定在快速启动区内，不使用的则可取消固定。

第1步 默认的8个图标中，开始、搜索、任务视图及小组件图标不可删除。其他4个程序图标，可以右击程序图标，在弹出的菜单中选择【从任务栏取消固定】选项，如下图所示。

第2步 此时即可将其从任务栏中删除，如下图所示。

第3步 另外还可以在【个性化>任务栏】面板的【任务栏项】区域，将要取消显示的图标设置为【关】，如下图所示。

第4步 如果要在任务栏中固定程序图标，可以打开所有应用列表，右击程序图标，在弹出的快捷菜单中选择【更多】→【固定到任务栏】选项，即可完成添加，如下图所示。

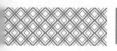

3.3.4 重点：设置任务栏角的图标

在任务栏角显示的图标，用户可以根据自己的需要进行显示或隐藏操作，具体操作步骤如下。

第1步 在【个性化>任务栏】面板的【任务栏溢出】区域，可以看到电脑中正在运行的程序列表，如下图所示。

第2步 将程序右侧的开关按钮设置为【开】后，该程序图标即会显示在任务栏上，如下图所示。

第3步 将开关按钮设置为【关】后，再单击【显示隐藏的图标】按钮 ∧，即可看到隐藏的程序图标，如下图所示。

第4步 另外，通过拖曳图标的方法，可以将程序图标从任务栏角拖曳至隐藏区域，也可以将隐藏区域中的图标拖曳至任务栏，如下图所示。

3.4 实战 4：Microsoft 账户的设置与应用

Microsoft账户是用于所有Microsoft的服务，方便用户对电脑进行操作，本节将介绍Microsoft账户的设置与应用。

3.4.1 认识 Microsoft 账户

Microsoft 账户是免费且易于设置的系统账户，用户可以使用自己的任何电子邮件地址完成账户的注册与登记。在使用Microsoft 账户时，可以始终在设备上同步所需的一切内容，如Office Online、Outlook、聊天、OneNote、OneDrive、Microsoft Store及账户数据安全等，如下图所示。

当用户使用 Microsoft 账户登录自己的电脑或设备时，可从Windows 应用商店中获取应用，使用免费云存储备份自己的所有重要数据和文件，并使自己的所有常用内容，如设备、照片、好友、游戏、设置、音乐等，保持更新和同步。

3.4.2 重点：注册和登录 Microsoft 账户

要想使用Microsoft 账户管理此设备，首先需要做的就是在此设备上注册和登录 Microsoft账户。注册与登录 Microsoft 账户的具体操作步骤如下。

第1步 按【Windows】键打开【开始】菜单，单击账户头像，在弹出的快捷菜单中选择【更改账户设置】选项，如下图所示。

第2步 弹出【账户信息】面板，单击【改用Microsoft账户登录】超链接，如下图所示。

第3步 弹出【Microsoft账户】对话框，输入Microsoft账户，单击【下一步】按钮。如果没有Microsoft 账户，则单击【没有账户？创建一个！】超链接，如下图所示。

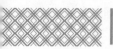

第4步 进入【创建账户】页面，输入要使用的邮箱账号，单击【下一步】按钮，如下图所示。

第6步 进入【你的名字是什么】页面，设置【姓】和【名】，并单击【下一步】按钮，如下图所示。

第7步 进入【你的出生日期是哪一天？】页面，设置出生日期信息，并单击【下一步】按钮，如下图所示。

> **提示**
>
> 如果没有邮箱，则可单击【获取新的电子邮件地址】超链接，注册Outlook邮箱；也可以单击【改为使用电话号码】超链接，使用手机号作为账号。

第5步 进入【创建密码】页面，输入要使用的密码，并单击【下一步】按钮，如下图所示。

第8步 进入【验证电子邮件】页面，此时使用网页打开该电子邮件，可以看到收件箱收到的微软公司发来的安全代码，将其输入【验证电子邮件】页面中的输入框中，单击【下一步】按钮，如下图所示。

第10步 此时即可完成账户的创建和登录，窗口弹出【创建PIN】页面，单击【下一步】按钮，如下图所示。

第9步 进入【使用Microsoft账户登录此计算机】页面，在输入框中输入当前系统的登录密码；如未设置密码，则不填写，直接单击【下一步】按钮，如下图所示。

> **提示**
>
> Windows密码需要至少8位，且包含字母和数字，而PIN码是可以替代登录密码的一组数据，当用户登录Windows及其应用和服务时，系统会要求用户输入PIN码，这样登录更为便捷。如果用户不希望设置PIN码，可直接单击对话框右上角的【关闭】按钮。

第11步 在弹出的【设置PIN】对话框中，输入"新PIN"码，并再次输入"确认PIN"码，单击【确定】按钮，如下图所示。

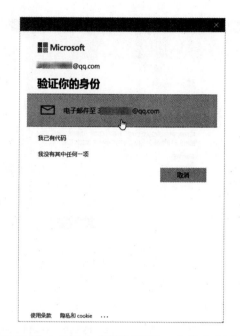

> **|提示|**::::::::
>
> PIN码最少为4位数字字符，如果要包含字母和符号，则选中【包括字母和符号】复选框，Windows 11最多支持32位字符。

第12步 设置完成后，即可在【账户信息】下看到登录的账户信息。微软为了确保用户账户使用安全，需要对注册的邮箱或手机号进行验证，此时请单击【验证】按钮，如下图所示。

第14步 进入【输入代码】页面，在输入框中输入电子邮箱中收到的安全代码，并单击【验证】按钮，如下图所示。

第13步 弹出【验证你的身份】对话框，选择电子邮件选项，如下图所示。

第15步 返回【账户信息】界面，即可看到【验证】超链接已消失，表示已完成设置，如下图所示。

| 提示 |

　　Microsoft 账户注册成功后，再次登录电脑时，需输入Microsoft 账户的密码。进入电脑桌面时，OneDrive 也会被激活。

3.4.3　重点：本地账户和 Microsoft 账户的切换

　　本地账户和 Microsoft 账户的切换包括两种情况：本地账户切换到Microsoft 账户和Microsoft 账户切换到本地账户，下面分别对其进行介绍。

1. Microsoft 账户切换到本地账户

第1步 Microsoft 账户登录此设备后，打开【账户信息】面板，在打开的界面中单击【改用本地账户登录】超链接，如下图所示。

第2步 弹出【是否确定要切换到本地账户？】对话框，单击【下一页】按钮，如下图所示。

第3步 弹出【Windows安全中心】对话框，输入Microsoft账户的登录密码，并单击【确定】按钮，如下图所示。

第4步 进入【输入你的本地账户信息】页面，输入本地账户的用户名、密码和密码提示等信息，单击【下一页】按钮，如下图所示。

> **｜提示｜**
>
> 如果不希望设置登录密码，可以不填写密码，直接单击【下一页】按钮。

第5步 进入【切换到本地账户】页面，此时单击【注销并完成】按钮，电脑就会注销并完成切换，如下图所示。

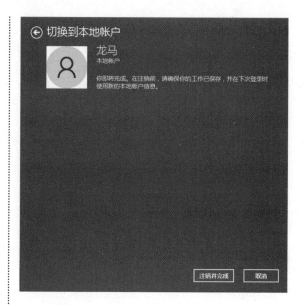

> **｜提示｜**
>
> 在注销完成前，应确保电脑中的文档文件已保存并关闭。

2. 本地账户切换到 Microsoft 账户

第1步 打开【账户信息】界面，单击【改用Microsoft账户登录】超链接，如下图所示。

第2步 弹出【Microsoft账户】对话框，输入Microsoft账户，单击【下一步】按钮，如下图所示。

第3步 进入【输入密码】页面，输入账户密码，并单击【登录】按钮，如下图所示。

第4步 进入【使用Microsoft账户登录此计算机】页面，在输入框中输入本地账户的登录密码，直接单击【下一步】按钮，如下图所示。

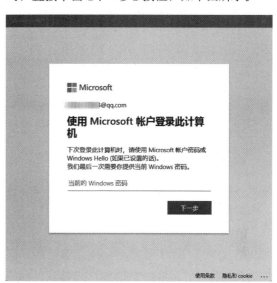

第5步 返回【账户信息】界面，即可看到切换后的Microsoft账户信息。如需要验证账户安全，单击【验证】按钮进行验证即可，如下图所示。

3.4.4　设置账户头像

不管是本地账户还是Microsoft账户，用户都可以自行设置账户的头像，而且操作方法一样。设置账户头像的具体操作步骤如下。

第1步 打开【账户信息】面板，在打开的界面中单击【选择文件】右侧的【浏览文件】按钮，如下图所示。

提示

　　单击【打开照相机】按钮，可以启动电脑上的摄像头，进行拍摄并保存为头像。

第2步　打开【打开】对话框，在其中选择想要作为头像的图片，单击【选择图片】按钮，如下图所示。

第3步　返回【账户信息】面板中，可以看到设置头像后的效果，如下图所示。

3.4.5　重点：修改账户登录密码

　　如果需要更改账户登录密码，可以按照以下步骤操作。

第1步　按【Windows+I】组合键打开【设置】面板，选择【账户】→【登录选项】选项，如下图所示。

第2步 进入【登录选项】页面，单击【密码】选项下的【更改】按钮，如下图所示。

| 提示 |

【登录选项】中的面部识别和指纹识别需要电脑的硬件支持，主要用于笔记本电脑。用户根据提示执行开启操作即可，和开启PIN码的操作相似。

第3步 如果用户设置了PIN码，界面则弹出【确保那是你】页面，在其中输入PIN码，如下图所示。

第4步 进入【更改密码】页面，输入当前密码和新密码，并单击【下一步】按钮，如下图所示。

第5步 这样即可完成Microsoft账户登录密码的更改操作，最后单击【完成】按钮，如下图所示。

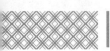
3.4.6　使用动态锁保护你的隐私

　　动态锁是指电脑上的蓝牙和蓝牙设备（如手机、手环）配对，当用户离开电脑时带上蓝牙设备，走出蓝牙覆盖范围约 1 分钟后，系统将会自动锁定你的电脑，具体操作步骤如下。

第1步 首先确保手机的蓝牙功能是开启的，并且电脑支持蓝牙。选择【设置】→【设备】→【蓝牙和其他设备】选项，将【蓝牙】设置为【开】，并单击【添加设备】按钮，如下图所示。

第2步 在弹出的【添加设备】对话框中，选择【蓝牙】选项，如下图所示。

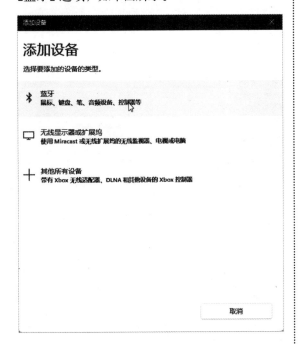

第3步 在可连接的设备列表中，选择要连接的设备，如这里选择连接手机，如下图所示。

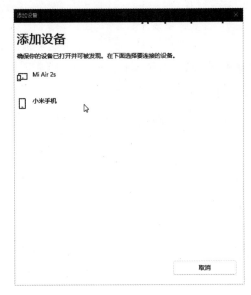

第4步 在弹出匹配信息时，单击对话框中的【连接】按钮，如下图所示。

第5步 在手机上点击【配对】按钮，即可进行连接，如下图所示。

第6步 如果提示配对成功，则单击【已完成】按钮，如下图所示。

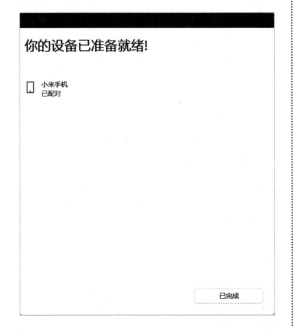

第7步 选择【设置】→【账户】→【登录选项】选项，在【动态锁】下选中【允许Windows在你离开时自动锁定设备】复选框，即可完成设置，如下图所示。

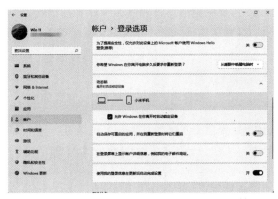

举一
反三

使用图片密码保护触屏电脑

图片密码是一种帮助用户保护触屏电脑的全新方法，用户要想使用图片密码，需要选择图片并在图片上画出各种手势，以此来创建独一无二的图片密码。创建图片密码的具体操作步骤如下。

第1步 打开【设置】面板，选择【账户】→【登录选项】选项，进入【登录选项】工作界面，单击【图片密码】下方的【添加】按钮，如下图所示。

第2步 弹出【创建图片密码】对话框，输入账户登录密码，单击【确定】按钮，如下图所示。

第3步 进入【图片密码】窗口，单击【选择图片】按钮，如下图所示。

第4步 打开【打开】对话框，选择用于创建图片密码的图片，单击【打开】按钮，如下图所示。

第5步 返回【图片密码】窗口，在其中可以看到添加的图片，单击【使用此图片】按钮，如下图所示。

第6步 进入【设置你的手势】窗口，在其中通过拖曳鼠标绘制出三个手势，可以是圆、直线和点，如下图所示。

第7步 手势绘制完毕后，进入【确认你的手势】窗口，在其中确认上一步绘制的手势，如下图

所示。

第8步 手势确认完毕后，进入【恭喜！】窗口，提示用户图片密码创建完成，单击【完成】按钮，如下图所示。

第9步 返回【登录选项】工作界面，【添加】按钮已经不存在，说明图片密码添加完成，如下图所示。

| 提示 |

如果想要更改图片密码，可以通过单击【更改】按钮来操作；如果想要删除图片密码，则单击【删除】按钮即可。

◇ **开启 Windows 11 的"护眼"模式**

Windows 11 操作系统增加了"夜间模式"，开启后可以像手机一样减少蓝光，特别是在晚上或光线特别暗的环境下，可在一定程度上减少用眼疲劳。开启夜间模式的具体操作步骤如下。

第1步 按【Windows+A】组合键，打开【快速更改设置】面板，单击【夜间模式】图标，如下图所示。

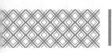

第2步 此时即可开启"夜间模式"，电脑屏幕就会像手机夜间模式一样，亮度变暗，颜色偏黄，尤其是白色部分极为明显，如下图所示。

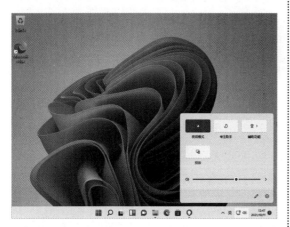

第3步 另外，按【Windows+I】组合键打开【设置】面板，然后选择【系统】→【显示】→【夜间模式】选项，如下图所示。可以拖曳【强度】右侧的滑块，调节色温情况。

第4步 将【在指定时间内开启夜间模式】的开

关按钮设置为【开】，可以设置夜间模式的开启时间，系统默认为【日落到日出】模式。也可以选中【设置小时】单选按钮，根据情况自行设置时间，如下图所示。

◇ 取消开机显示锁屏界面

Windows 11的锁屏界面以其华丽的视觉效果赢得了不少用户的喜爱，但也给一些追求速度的用户带来了困扰。如果希望能够快速开机，则可选择跳过该界面，将其取消显示，具体操作步骤如下。

第1步 按【Windows+R】组合键，打开【运行】对话框，输入"gpedit.msc"命令，按【Enter】键确认输入，如下图所示。

第2步 弹出【本地组策略编辑器】对话框，依次选择【计算机配置】→【管理模板】→【控制面板】→【个性化】选项，在显示的右侧区域双击【不显示锁屏】选项，如下图所示。

第3步 在弹出的【不显示锁屏】对话框中选中【已启用】单选按钮，再单击【确定】按钮即可取消开机显示锁屏界面，如下图所示。

第4章

电脑打字——
输入法的认识和使用

📖 本章导读

　　学会输入汉字和英文是使用电脑办公的第一步。对于英文字符，只要按键盘上的字母键输入即可，但汉字不能像英文那样直接用键盘输入，需要使用字母和数字对汉字进行编码，然后通过输入编码得到所需汉字，这种方法称为汉字输入法。本章主要介绍输入法的管理、拼音打字、五笔打字等。

🖋 思维导图

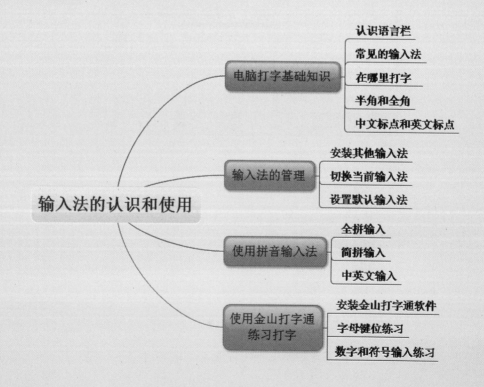

4.1 电脑打字基础知识

使用电脑打字，首先需要了解电脑打字相关的基础知识，如语言栏、常见的输入法、半角和全角等。

4.1.1 认识语言栏

语言栏是指电脑右下角的输入法，主要用于输入法切换。当用户需要在Windows中进行文字输入时，就需要用到语言栏。中文版Windows的默认输入语言是中文，在这种情况下，用键盘在文档中输入的文字是中文；如果要输入英文，则需要在语言栏中进行输入法切换。

下图所示为Windows 11操作系统任务栏中的语言图标，单击任务栏中的英或中按钮，可以进行中文与英文输入状态的切换。

在英或中按钮上右击，弹出如下图所示的快捷菜单，选择【输入法工具栏(关)】命令。

此时语言栏显示微软拼音输入法状态条，如下图所示。

4.1.2 常见的输入法

常见的拼音输入法有搜狗拼音输入法、QQ拼音输入法、微软拼音输入法等，具体介绍如下。

1. 搜狗拼音输入法

搜狗拼音输入法是基于搜索引擎技术的输入法产品，用户可以通过互联网备份自己的个性化词库和配置信息。搜狗拼音输入法为国内主流汉字拼音输入法之一。下图所示为搜狗拼音输入法的状态栏及工具箱。

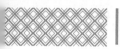

搜狗拼音输入法有以下特色。

（1）快速更新：不同于许多输入法依靠升级来更新词库，搜狗拼音采用不定时在线更新的办法。这大大减少了用户自己造词的时间。

（2）整合符号：搜狗拼音将许多符号表情也整合进词库，如输入"haha"得到"^_^"。另外，其还提供一些用户自定义的缩写，如输入"QQ"，则显示"我的 QQ 号是 XXXXXX"等。

（3）笔画输入：输入时以"u"做引导，可以用"h"（横）、"s"（竖）、"p"（撇）、"n"【捺，也作"d"（点）】、"t"（提）代表笔画结构输入字符。值得一提的是，竖心的笔顺是点点竖（nns），而不是竖点点。

（4）手写输入：最新版本的搜狗拼音输入法支持扩展模块，增加了手写输入功能。当用户按【U】键时，拼音输入区会出现"打开手写输入"的提示，单击即可打开手写输入（如果用户未安装，单击会打开扩展功能管理器，可以单击【安装】按钮在线安装）。该功能可帮助用户快速输入生字，极大地提升了用户的输入体验。

（5）输入统计：搜狗拼音提供了一个统计用户输入字数、打字速度的功能。但每次更新时都会清零。

（6）输入法登录：可以使用输入法登录功能登录搜狗、搜狐等网站。

（7）个性输入：用户可以选择多种精彩皮肤。按【I】键可开启快速换肤。

（8）细胞词库：细胞词库是搜狗首创的、开放共享、可在线升级的细分化词库功能。细胞词库包括但不限于专业词库，通过选取合适的细胞词库，搜狗拼音输入法可以覆盖几乎所有的中文词汇。

（9）截图功能：可在选项设置中选择开启、禁用、安装、卸载和截图功能。

2. QQ 拼音输入法

QQ拼音输入法是由腾讯公司开发的一款汉语拼音输入法软件。与大多数拼音输入法一样，QQ 拼音输入法支持全拼、简拼、双拼 3 种基本的拼音输入模式。在输入方式上，QQ 拼音输入法支持单字、词组、整句的输入方式，如下图所示。

QQ拼音输入法有以下特点。

（1）提供多套精美皮肤，让书写更加享受。

（2）输入速度快，占用资源小，可以轻松提高20%的打字速度。

（3）收录了最新、最全的流行词汇，适合在聊天软件和其他互联网应用中使用。

（4）网络迁移绑定QQ号码、个人词库随身带。

（5）智能生成整句，轻松输入长句。

3. 微软拼音输入法

微软拼音输入法是一种基于语句的智能型拼音输入法，采用拼音作为汉字的录入方式，用户不需要经过专门的学习和培训，就可以轻松使用并熟练掌握这种汉字输入技术。微软拼音输入法还提供了模糊音设置，为一些带口音的用户着想。下图所示为微软拼音输入法的输入界面。

微软拼音输入法有以下特点。

（1）采用基于语句的整句转换方式，用户连续输入整句话的拼音，不必人工分词、挑选

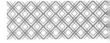

候选词语，这样既保证了用户的思维流畅，又大大提高了输入的效率。

（2）为用户提供了许多特性，比如自学习和自造词功能。使用这两种功能，通过短时间与用户交流，微软拼音输入法能够学会用户的专业术语和用词习惯，从而使微软拼音输入法的转换准确率更高，用户使用也更加得心应手。

4.1.3 在哪里打字

打字也需要有"场地"，用来显示输入的文字，常用的能大量显示文字的软件有记事本、文档、写字板等。在输入文字后，还可以设置文字的格式，使文字看起来工整、美观。

Word是微软公司Office办公系列软件的一个文字处理软件，不仅可以显示输入的文字，还具有强大的文字编辑功能。下图所示为Word 2019软件的操作界面。

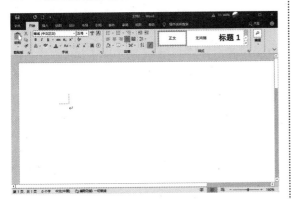

Word主要具有以下特点。

（1）所见即所得：用户使用Word作为电脑打字的练习场地，输入效果在屏幕上一目了然。

（2）直观的操作界面：Word软件界面友好，提供了丰富多彩的工具，利用鼠标就可以确定文字输入位置、选择已输入的文字，便于修改。

（3）多媒体混排：用Word软件可以编辑文字图形、图像、声音、动画，插入其他软件制作的信息，还可以使用其提供的绘图工具进行图形制作，编辑艺术字、数学公式等，能够满足用户的各种文字处理要求。

（4）强大的制表功能：Word软件不仅便于文字输入，还提供了强大的制表功能。用Word软件制作表格，既轻松又美观，既方便又快捷。

（5）自动功能：Word软件提供了拼写和语法检查功能，提高了编辑英文文章的正确率，如果发现语法错误或拼写错误，Word软件还提供修正建议。用Word软件编辑好文档后，Word可以帮助用户自动编写摘要，为用户节省大量的时间。自动更正功能为用户输入同样的字符提供了很大的帮助，用户可以自定义字符的输入，当要输入同样的若干字符时，可以定义一个字母来代替，尤其在输入汉字时，该功能使用户的输入速度大大提高。

（6）模板功能：Word软件提供了大量且丰富的模板，用户在模板中输入文字即可得到一份漂亮的文档。

（7）丰富的帮助功能：Word软件的帮助功能详细而丰富，用户遇到问题时，能够很方便地找到解决问题的方法。

（8）超强兼容性：Word软件可以支持许多种格式的文档，也可以将Word编辑的文档另存为其他格式的文件，这为Word软件和其他软件的信息交换提供了极大的方便。

（9）强大的打印功能：Word软件提供了打印预览功能，便于用户打印输入的文字。

4.1.4 半角和全角

半角和全角主要是针对标点符号的，全角标点占两个字节，半角标点占一个字节。在微软拼音输入法状态条中单击【全角/半角】按钮或按【Shift+空格】组合键，即可在全角与半角之间切换，如下图所示。

4.1.5 中文标点和英文标点

在微软拼音输入法状态条中单击【中 / 英文标点】按钮或按【Ctrl+.】组合键，即可在中英文标点之间切换，如下图所示。

> | 提示 |
>
> 在英文状态下默认为英文标点，在中文状态下默认为中文标点。另外，其他输入法与微软拼音输入法用法相同，不同的输入法可能存在切换快捷键的不同。

4.2 输入法的管理

输入法是指为了将各种符号输入计算机或其他设备而采用的编码方法。汉字输入的编码方法基本上都是将音、形、义与特定的键相联系，再根据不同汉字进行组合来完成汉字的输入。

4.2.1 重点：安装其他输入法

Windows 11操作系统虽然自带微软拼音输入法，但不一定能满足每个用户的使用需求。用户可以自行安装和卸载相关输入法。安装输入法前，用户需要先从网上下载输入法安装程序。

下面以安装搜狗拼音输入法为例，介绍安装输入法的一般方法。

第1步 双击下载的安装文件，即可启动搜狗拼音输入法安装向导。选中【已阅读并接受用户协议&隐私政策】复选框，单击【自定义安装】按钮，如下图所示。

> | 提示 |
>
> 如果不需要更改设置，可直接单击【立即安装】按钮。

第2步 在打开的界面中，可以单击【安装位置】右侧的【浏览】按钮，选择软件的安装位置，选择完成后，单击【立即安装】按钮，如下图所示。

第3步 此时即可开始安装，如下图所示。

第4步 安装完成后，在弹出的界面中取消选中含有推荐软件的复选框，单击【立即体验】按钮，如下图所示。

第5步 弹出【个性化设置向导】对话框，根据提示分别设置输入法的使用习惯、搜索候选、皮肤、词库及表情等，如下图所示。

第6步 设置完成后，单击【完成】按钮，即可完成输入法的安装，如下图所示。

4.2.2 重点：切换当前输入法

如果安装了多个输入法，用户在使用时，可以在输入法之间进行切换，下面介绍选择与切换输入法的操作。

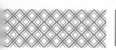

1. 选择输入法

第1步 在语言栏中单击输入法图标 拼（此时默认的输入法为微软拼音输入法），弹出输入法列表，单击要切换的输入法，如选择【搜狗拼音输入法】选项，如下图所示。

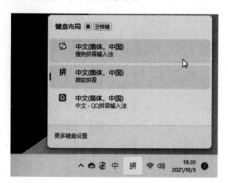

第2步 此时即可完成输入法的选择，如下图所示。

2. 使用快捷键

虽然上述方法是最常用的方法，但不是最快捷的方法，需要通过两步操作完成，而使用快捷键可以快速切换。Windows 11中切换输入法的快捷键是【Windows+空格】组合键，如当前默认为微软拼音输入法，按快捷键后，即可切换至搜狗拼音输入法，当再次按快捷键会再次切换，如下图所示。

3. 中英文的快速切换

在输入文字内容时，有时要交替输入英文和中文，需要来回切换，如果单击语言栏中的图标进行切换比较麻烦，较为快捷的方法是按【Shift】键或【Ctrl+空格】组合键进行切换。

4.2.3 重点：设置默认输入法

如果想在系统启动时自动切换到某一种输入法，可以将其设置为默认输入法，具体操作步骤如下。

第1步 按【Windows+I】组合键，打开【设置】面板，选择【时间和语言】→【键入】选项，如下图所示。

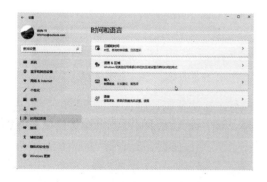

第2步 进入【键入】界面，选择【高级键盘设置】选项，如下图所示。

第3步 进入【高级键盘设置】界面，单击【替代默认输入法】区域的下拉按钮，如下图所示。

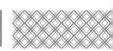

项，即可将其设置为默认输入法，如下图所示。

第4步 在弹出的下拉列表中，选择要设置的默认输入法，如这里选择【搜狗拼音输入法】选

4.3 使用拼音输入法

拼音输入法是一种常见的输入方法，用户最初的输入方式基本都是从拼音开始的。拼音输入法按照拼音规则来进行汉字输入，不需要特别记忆，符合人的思维习惯，只要会拼音就可以输入汉字。

4.3.1 重点：全拼输入

全拼输入是拼音输入法中最基本的输入模式，输入汉字拼音中所有的字母即可，如要输入"你好"，需要输入拼音"nihao"。一般拼音输入法中，默认开启的是全拼输入模式。

例如，要输入"计算机"，在全拼模式下用键盘输入"jisuanji"，即可看到候选词中有"计算机"，按空格键或该项对应的数字【1】键，即

可输入，如下图所示。

使用全拼输入时，如果候选词中没有需要的汉字，可以按【↓】键或【↑】键进行翻页。

4.3.2 重点：简拼输入

简拼输入是输入汉字的声母或声母的首字母来进行汉字输入的一种模式，它可以大大地提高输入汉字的效率。例如，要输入"计算机"，只需要输入"jsj"，即可看到候选词中有"计算机"，如下图所示。

从上图中可以看到，输入简拼后，候选词

有很多，这是因为与此首字母相关的汉字范围较广，输入法会优先显示较常用的词组。为了提高输入效率，建议使用全拼和简拼进行混合输入，也就是某个字用全拼，另外的字用简拼，这样既可以输入最少的字母，又可以提高输入效率。例如，输入"输入法"，可以输入 "shurf""sruf"或"srfa"，如下图所示。

4.3.3 重点：中英文输入

在写邮件、发送消息时经常需要输入一些英文字符，搜狗拼音输入法自带了中英文混合输入功能，便于用户快速地在中文输入状态下输入英文。

1. 通过按【Enter】键输入拼音

在中文输入状态下，如果要输入拼音，可以在输入汉字的全拼后，直接按【Enter】键输入。下面以输入"电脑"的拼音"diannao"为例进行介绍。

第1步 在中文输入状态下，用键盘输入"diannao"，如下图所示。

第2步 直接按【Enter】键即可输入英文字符，如下图所示。

> **提示**
>
> 如果要输入一些包含字母和数字的验证码，如"q8g7"，也可以在中文输入状态下直接输入"q8g7"，然后按【Enter】键。

2. 中英文混合输入

在输入中文字符的过程中，如果要在中间输入英文，就可以使用搜狗拼音输入法的中英文混合输入功能。例如，要输入"苹果的英语是Apple"，具体操作步骤如下。

第1步 用键盘输入"pingguodeyingyushiapple"，如下图所示。

第2步 此时，直接按空格键或按数字【1】键，即可输入"苹果的英语是Apple"。还可以输入"我要去party""说goodbye"等，如下图所示。

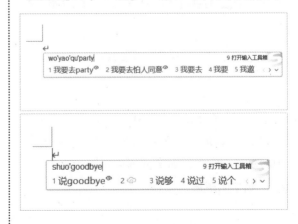

3. 直接输入英文单词

在搜狗拼音输入法的中文输入状态下，还可以直接输入英文单词。下面以输入单词"congratulate"为例进行介绍。

第1步 在中文输入状态下，直接用键盘依次输入字母，从第一个字母开始，输入一些字母后，将会看到候选词中出现该项，如下图所示。

第2步 直接按空格键，即可在中文输入状态下输入英文单词，如下图所示。

另外，如果候选词中没有该单词，可直接输入单词中的所有字母，并按【Enter】键输入该单词。

4.4 使用金山打字通练习打字

要想快速熟练地使用键盘，需要进行大量的指法练习。在练习的过程中，一定要使用正确的击键方法，这样才能大大提高输入效率。下面介绍如何通过金山打字通 2016 进行指法练习。

4.4.1 安装金山打字通软件

在使用金山打字通 2016 进行打字练习之前，需要在电脑中安装该软件。下面介绍安装金山打字通 2016 的操作方法。

第1步 打开电脑上的浏览器，搜索"金山打字通"并进入官网，单击页面中的【免费下载】按钮，如下图所示。

第2步 下载完成后，打开【金山打字通 2016 安装】窗口，进入【欢迎使用"金山打字通

2016"安装向导】界面，单击【下一步】按钮，如下图所示。

第3步 进入【许可证协议】界面，单击【我接受】按钮，如下图所示。

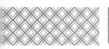
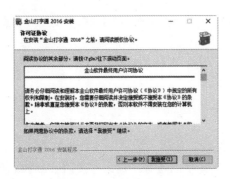

第4步 进入【WPS Office】界面，可以根据需要决定是否选中【WPS Office，让你的打字学习更有意义（推荐安装）】复选框，单击【下一步】按钮，如下图所示。

第5步 进入【选择安装位置】界面，单击【浏览】按钮，可选择软件的安装位置，设置完毕后，单击【下一步】按钮，如下图所示。

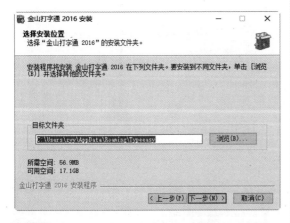

第6步 进入【选择"开始菜单"文件夹】界面，

单击【安装】按钮，如下图所示。

第7步 进入【金山打字通2016安装】界面，待安装进度条结束后，在【软件精选】界面中取消选中推荐软件前的复选框，单击【下一步】按钮，如下图所示。

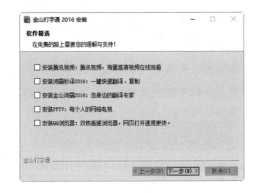

第8步 进入【正在完成"金山打字通2016"安装向导】界面，取消选中复选框，单击【完成】按钮，即可完成软件的安装，如下图所示。

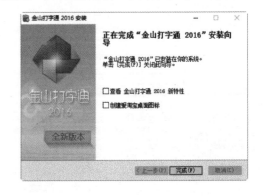

至此，金山打字通 2016 已经安装完成，接下来就是启动金山打字通 2016 软件进行指法练习。双击桌面上的【金山打字通】快捷方式图标，即可启动该软件。

4.4.2 字母键位练习

对于初学者来说，进行字母打字练习可以更快地掌握键盘布局，从而快速提高对键位的熟悉程度。下面介绍在金山打字通 2016 中进行字母键位练习的操作步骤。

第1步 启动金山打字通 2016 后，单击软件主界面右上方的【登录】按钮，如下图所示。

第2步 弹出【登录】对话框，在【创建一个昵称】文本框中输入昵称，单击【下一步】按钮，如下图所示。

第3步 打开【绑定QQ】界面，选中【自动登录】和【不再显示】复选框，单击【绑定】按钮，完成与QQ的绑定，绑定完成后将会自动登录金山打字通软件，如下图所示。

第4步 在软件主界面中单击【新手入门】按钮，弹出对话框，根据自己的熟练程度选择模式，这里选择【自由模式】，如下图所示。

第5步 进入【新手入门】界面，选择【字母键位】，如下图所示。

第6步 进入【第二关：字母键位】界面，可根据标准键盘下方的指法提示，输入标准键盘上方的字母，进行字母键位练习，如下图所示。

第7步 用户也可以单击【关卡模式】按钮，进入字母键位过关测试，如下图所示。

4.4.3　数字和符号输入练习

数字键和符号键离基准键位较远，很多人喜欢直接把整只手移过去，这样不利于指法练习，而且对以后打字的速度也有影响。希望读者能克服这一点，在指法练习的初期就严格要求自己。

对数字和符号输入的练习，与字母键位练习类似。在【新手入门】界面中的【数字键位】和【符号键位】两个选项中，可分别练习数字和符号的输入，如下图所示。

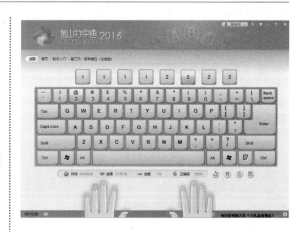

举一
反三

使用写字板写一份通知

本实例主要以写字板为环境，使用搜狗拼音输入法来写一份通知，进而学习拼音输入法的使用方法与技巧。一份完整的通知主要包括标题、称呼、正文和落款等内容。因此，要想写好一份通知，首先需要熟悉通知的格式与写作方法，然后按照格式一步一步地进行书写，最终效果如下图所示。

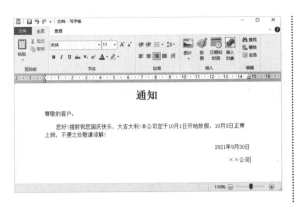

这里以写一份公司国庆放假通知为例，来具体介绍使用写字板书写通知的操作步骤。

1. 设置通知的标题

第1步 打开写字板软件，即可创建一个新的空白文档，如下图所示。

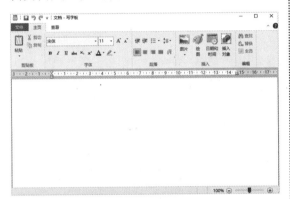

第2步 输入通知的标题，用键盘输入"tongzhi"，按空格键选择第一项，如下图所示。

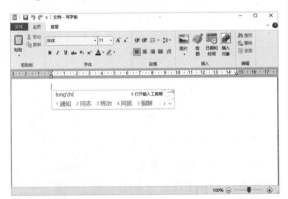

第3步 此时即可输入汉字"通知"，设置字体大小，并使其居中显示在写字板中，如下图所示。

2. 输入通知的称呼与正文

第1步 直接输入通知中称呼的拼音"zunjingdekehu"，选择正确的汉字，将其插入文档中，如下图所示。

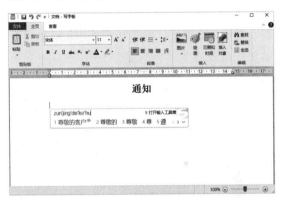

第2步 在键盘上按住【Shift】键的同时按【；】键，输入冒号"："，如下图所示。

第3步 按【Enter】键换行，然后输入正文内容，

输入正文时汉字直接按相应的拼音字母，数字可按主键盘区域辅助键区中的数字键，如下图所示。

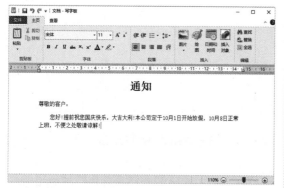

3. 输入通知落款

第1步 将光标定位于文档的最后，另起一行输入日期和公司名称，如下图所示。

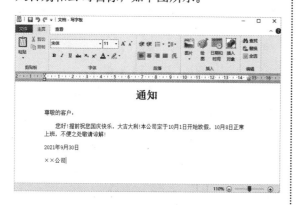

第2步 将通知的落款进行右对齐。至此，就完成了使用搜狗拼音输入法在写字板中书写一份通知的全部操作。此时将制作的文档保存即可，最终效果如下图所示。

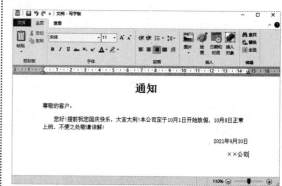

◇ 添加自定义短语

造词工具用于管理和维护自造词词典及自学习词表，用户可以对自造词进行编辑、删除、设置快捷键、导入或导出到文本文件等操作，以便于轻松完成下次输入。在QQ拼音输入法中自定义用户词和自定义短语的具体操作步骤如下。

第1步 在QQ拼音输入法状态下按【I】键，启动i模式，并按数字【7】键，如右图所示。

关闭i模式 ◀▶
1. 符号&表情
2. 笔画输入
3. 拼音字典
4. 剪贴板
5. 截屏
6. 换肤
7. 造词
8. 微博
9. 手写输入

第2步 弹出【QQ拼音造词工具】对话框，选择【用户词】选项卡。假设用户经常使用"扇淀"这个词，可以在【新词】文本框中输入该词，并单击【保存】按钮，如下图所示。

第3步 使用【QQ】拼音输入法输入拼音"shandian"，即可看到第二项上显示设置的新词"扇淀"，如下图所示。

第4步 切换到【自定义短语】选项卡，在【自定义短语】文本框中输入"吃葡萄不吐葡萄皮"，在【缩写】文本框中设置缩写，如输入"cpb"，单击【保存】按钮，如下图所示。

第5步 此时再使用QQ拼音输入法输入"cpb"，即可看到第一项上显示的新短语，如下图所示。

◇ 生僻字的输入

以搜狗拼音输入法为例，使用搜狗拼音输入法可以通过启动 U 模式来输入生僻汉字。在搜狗拼音输入法状态下输入字母"U"，即可启动 U 模式。

> 提示
>
> 在双拼模式下可按【Shift+U】组合键启动 U 模式。

◇ 新功能：文本的快速输入 1：将语音转换为文本

语音输入转文本已经成为比较成熟的技术，用户使用麦克风，可用听写功能将说出的字词转换为文本，极大地提高了输入效率。Windows 11中自带该功能，无须下载和安装，非常方便。

第1步 打开写字板软件，按【Windows+H】组合键，即可打开听写工具，如下图所示。

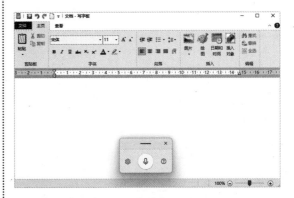

第2步 单击听写工具上的【设置】按钮，打开设置面板，可以进行设置，如开启【语音键入启动器】和【自动标点】，如下图所示。

第3步 完成设置后，单击【语音输入按钮】按钮，对准麦克风将要输入的文字说出来。此时【语音输入按钮】按钮变为【正在聆听】状态，若要停止，单击该按钮即可，如下图所示。

| 提示 |

如果要停止听写，也可以说"停止听写"，文本输入就会自动停止。

◇ **文本的快速输入 2：将图片中的文字转换为文本**

如果要提取一张图片中的文字，一般会对照图片中的文字进行输入，这种方法是最为原始也最为低效的，不仅慢，出错率还很高。其实我们可以借助一些软件来识别图片上的文字，将其转换为文本，这样会大大提高我们的输入

效率。图片转文字的软件很多，如WPS Office、QQ等都自带该功能，下面以"QQ"为例，介绍图片转文字的方法。

第1步 打开并登录QQ，然后打开要识别的图片窗口，按【Ctrl+Alt+A】组合键进入截图模式，按住鼠标左键框选要识别的文字区域后，下方会显示一个工具栏，单击工具栏中的【屏幕识图】按钮，如下图所示。

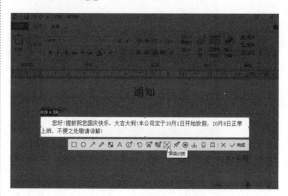

第2步 此时即会弹出【屏幕识图】窗口，窗口右侧显示了识别出的文字，如下图所示。此时单击【复制】按钮，将其粘贴到目标位置，然后根据图片实际内容进行适当调整即可。

第 5 章

文件管理——
管理电脑中的文件资源

本章导读

电脑中的文件资源是 Windows 11 操作系统资源的重要组成部分，只有管理好电脑中的文件资源，才能很好地运用操作系统进行工作和学习。本章主要介绍在 Windows 11 中管理文件资源的基本操作。

思维导图

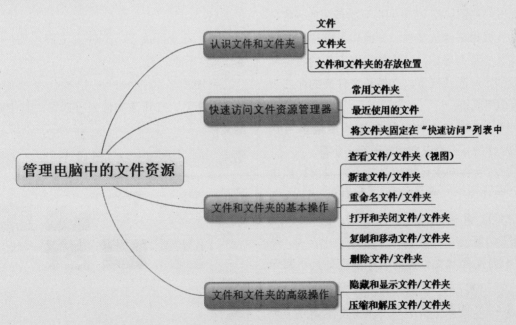

5.1 认识文件和文件夹

在Windows 11操作系统中，文件是最小的数据组织单位，文件中可以存放文本、图像和数据等信息。为了便于管理文件，可以把文件组织到目录和子目录中，这些目录和子目录就被称为文件夹。

5.1.1 文件

文件是Windows存取磁盘信息的基本单位，一个文件是磁盘上存储的信息的一个集合，可以是文档、图片、影片，也可以是一个应用程序等。每个文件都有唯一的名称，Windows 11正是通过文件的名称来对文件进行管理的。下图所示为一个图片文件。

5.1.2 文件夹

文件夹是从Windows 95开始使用的一种名称，主要用来存放文件。在操作系统中，文件和文件夹都有名称，系统是根据它们的名称来存取的。一般情况下，文件和文件夹的命名规则有以下几点。

（1）文件和文件夹的名称长度最多可达256个字符，一个汉字相当于两个字符。

（2）文件和文件夹的名称中不能出现的字符：斜线（\ /）、竖线（|）、小于号（＜）、大于号（＞）、冒号（：）、引号（""）、问号（？）、星号（*）等。

（3）文件和文件夹的名称不区分大小写字母，如"abc"和"ABC"是同一个文件名。

（4）文件通常都有扩展名（一般为3个字符），用来表示文件的类型。文件夹则通常没有

扩展名。

（5）同一目录下，文件夹或同类型（扩展名）文件不能同名。

下图所示为Windows 11操作系统的【图片】文件夹，打开该文件夹可以看到其中存放的文件。

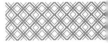

5.1.3 文件和文件夹的存放位置

电脑中的文件或文件夹一般存放在该电脑中的磁盘或【Administrator】文件夹中。

1. 电脑磁盘

文件可以被存放在电脑磁盘的任意位置，但是为了便于管理，文件的存放有以下常见的规则，如下图所示。

通常情况下，电脑的硬盘会划分为三个分区：C盘、D盘和E盘。三个盘的功能分别如下。

C盘主要用来存放系统文件。所谓系统文件，是指操作系统和应用软件中的系统操作部分。默认情况下系统会被安装在C盘，包括常用的程序。

D盘主要用来存放应用软件文件。对于软件的安装，有以下常见的规则。

（1）一般较小的软件，如Rar压缩软件等可以安装在C盘。

（2）对于较大的软件，如Office、Photoshop和3ds Max等程序，常被安装在D盘，这样可以减少C盘的占用空间，从而提高系统运行的速度。

（3）几乎所有软件默认的安装路径都在C盘，电脑用得越久，C盘被占用的空间就越多。随着使用时间的增加，系统反应会越来越慢。因此安装软件时，需要根据具体情况改变安装路径。

E盘主要用来存放用户自己的文件。如用户保存的图片、文档资料、视频和音乐文件等。如果硬盘还有多余的空间，也可以根据需求添加更多的分区。

2. 【Administrator】文件夹

【Administrator】文件夹是Windows 11中的一个系统文件夹，主要用于保存文档、图片，也可以保存其他文件。对于常用的文件，用户可以将其放在【Administrator】文件夹中，以便及时调用，如下图所示。

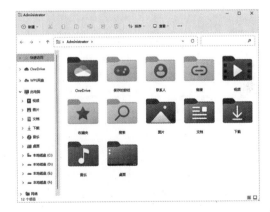

在默认情况下，桌面上并不显示【Administrator】文件夹，用户可以通过选中【桌面图标设置】对话框中的【用户的文件】复选框，将【Administrator】文件夹放置在桌面上，然后双击该图标，打开【Administrator】文件夹，如下图所示。

如果用户对电脑进行了命名或使用了 Microsoft账户登录，则系统会将用户的名称作为该文件夹的名称，如下图所示，该文件夹的名称为"WIN 11"。

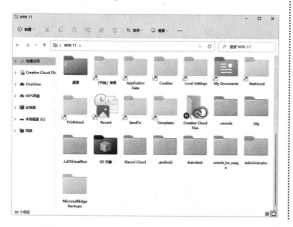

文件和文件夹的路径表示文件和文件夹所在的位置，路径在表示的时候有两种方法：绝对路径和相对路径。

绝对路径是从根文件夹开始的表示方法，根通常用"\"来表示（有区别于网络路径），如"C:\Windows\System32"表示C盘下面Windows文件夹下面的 System32文件夹。根据文件或文件夹提供的路径，用户可以在电脑上找到该文件或文件夹的存放位置，下图所示为C盘下面Windows文件夹下面的System32文件夹。

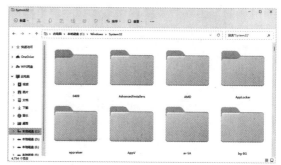

相对路径是从当前文件夹开始的表示方法，如当前文件夹为C:\Windows，如果要表示它下面的 System32下面的boot文件夹，则可以表示为"System32\boot"，而用绝对路径应表示为"C:\Windows\System32\boot"。

5.2 实战 1：快速访问文件资源管理器

在 Windows 11操作系统中，用户打开文件资源管理器默认显示的是快速访问界面，在快速访问界面中，可以看到常用的文件夹、最近使用的文件等信息。

5.2.1 常用文件夹

在文件资源管理器窗口中，默认显示下载、文档、图片和桌面 4 个固定的文件夹，同时会显示用户最近常用的文件夹。打开常用文件夹，用户可以快速查看其中的文件，具体操作步骤如下。

第1步 按【Windows+E】组合键打开【此电脑】窗口，选择导航栏中的【快速访问】选项，如下图所示。

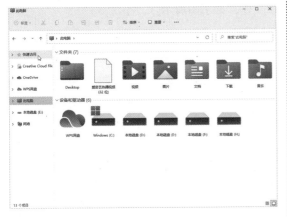

第2步 打开【文件资源管理器】窗口，在其中可以看到【文件夹】和【最近使用的文件】列表，如下图所示。

第3步 双击打开【图片】文件夹，在其中可以看到该文件夹包含的图片文件，如下图所示。

5.2.2 最近使用的文件

文件资源管理器提供最近使用的文件列表，默认显示为20个，用户可以通过【最近使用的文件】列表快速打开文件，具体操作步骤如下。

第1步 打开【文件资源管理器】窗口，在其中可以看到【最近使用的文件】列表，如下图所示。

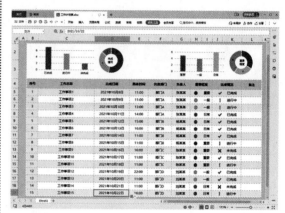

第2步 双击需要打开的文件，即可快速打开该文件，如这里双击"各市场销售数据图表分析.xlsx"表格文件，WPS Office软件即可打开该文件，如下图所示。

| 提示 |

最近使用的文件会显示在【文件资源管理器】窗口中的【文件夹】区域。

5.2.3　将文件夹固定在"快速访问"列表中

对于常用的文件夹，用户可以将其固定在"快速访问"列表中，具体操作步骤如下。

第1步 选中需要固定在"快速访问"列表中的文件夹并单击鼠标右键，在弹出的快捷菜单中选择【固定到快速访问】选项，如下图所示。

第2步 返回【文件资源管理器】窗口，可以看到选中的文件夹被固定到了"快速访问"列表中，如下图所示。

5.3 实战 2：文件和文件夹的基本操作

用户要想管理电脑中的数据，首先要熟练掌握文件或文件夹的基本操作，包括创建文件或文件夹、打开/关闭文件或文件夹、复制/移动文件或文件夹、删除文件或文件夹、重命名文件或文件夹等。

5.3.1　重点：查看文件 / 文件夹（视图）

系统中的文件或文件夹可以通过【查看】右键菜单和功能区中的【查看】按钮两种方式进行查看，查看文件或文件夹的操作步骤如下。

第1步 在文件夹窗口中，可以看到文件以【详细信息】的布局方式显示，单击窗口右下角的【使用大缩略图显示项】按钮▢，如下图所示。

第2步 随即文件夹中的文件或子文件夹都以大图标的方式显示，如下图所示。

第3步 在文件夹窗口的功能区中单击【查看】按钮▢ 查看，在弹出的列表中可以看到当前文件或文件夹的布局方式为【大图标】，如下图所示。

第4步 在【查看】下拉列表中可以选择文件或文件夹的显示方式，本例选择【列表】选项，如下图所示。

第5步 此时即可看到文件以列表的方式显示，如下图所示。

第6步 单击功能区中的【排序】按钮↑↓ 排序，在弹出的列表中，可以选择排序的方式，如下图所示。

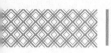

第7步 也可以选择【排序】→【分组依据】选项，在弹出的子列表中，选择条件进行分组，如下图所示。

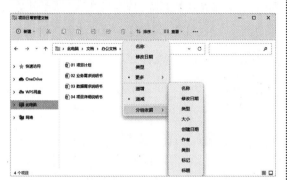

第8步 另外，在查看文件或文件夹的过程中，按住【Ctrl】键不放，向上或向下滚动鼠标滚轮，可以放大或缩小文件、文件夹图标，下图所示为放大后的效果。

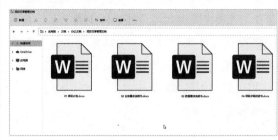

5.3.2 重点：新建文件／文件夹

新建文件或文件夹是文件和文件夹管理中最基本的操作，如创建一个文本、文档、图像文件等，并可以根据需要建立一个文件夹管理这些文件。

1. 新建文件

用户可以通过【新建】菜单命令，创建一些常见的文件，这里以创建一个文本文档为例进行介绍。

第1步 在文件夹窗口中，单击【新建】按钮 ，在弹出的列表中选择【文本文档】命令，如下图所示。

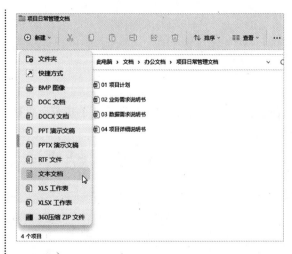

第2步 此时即可在该文件夹中创建一个"新建文本文档"文件，且文件名处于编辑状态，输入文件名即可完成创建，如下图所示。

另外，也可以在文件夹窗口或电脑桌面中右击空白处，在弹出的快捷菜单中选择【新建】→【文本文档】选项，即可创建新文本文档，如下图所示。

如果要创建一些特殊的文件，如Office、Photoshop、AutoCAD等文档文件，可以使用应用软件中的新建命令进行创建，也可以使用【Ctrl+N】组合键创建。

2. 新建文件夹

新建文件夹与新建文件的方法相同，主要是通过功能区的【新建】按钮和右键菜单命令创建。

方法1：在文件夹窗口中单击【新建】按钮⊕ 新建∨，在弹出的列表中选择【文件夹】选项，即可创建新文件夹，如下图所示。

方法2：在文件夹窗口或电脑桌面中右击空白处，在弹出的快捷菜单中选择【新建】→【文件夹】选项，即可创建新文件夹，如下图所示。

5.3.3 重点：重命名文件 / 文件夹

新建文件或文件夹后，如果文件或文件夹没有修改为正确的名称，则可以在文件资源管理器或任意一个文件夹窗口中，给新建的或已有的文件或文件夹重新命名。更改文件或文件夹名称的操作方法相同，主要有以下3种方法。

1. 使用右键菜单命令

第1步 选中要重命名的文件并右击，在弹出的菜单中单击【重命名】按钮，如下图所示。

第2步 此时文件的名称被选中，以蓝色背景显示，如下图所示。

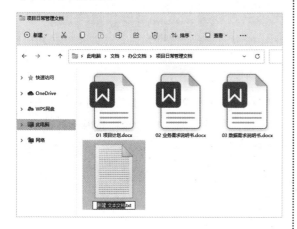

第3步 用户可以直接输入文件的名称，按【Enter】键即可完成对文件名称的更改，如下图所示。

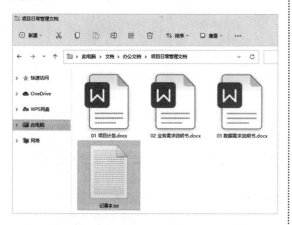

在重命名文件时，不能随意改变已有文件的扩展名，否则当要打开该文件时，系统不能确认要使用哪种程序打开该文件，如下图所示。

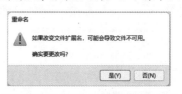

如果更改的文件名与文件夹中已有的文件名重复，系统会给出下图所示的提示，单击【是】按钮，文件名会在后面加上序号来命名，单击【否】按钮，则需要重新输入文件名。

2. 使用功能区重命名

第1步 选中要重命名的文件或文件夹，单击功能区中的【重命名】按钮🔲，如下图所示。

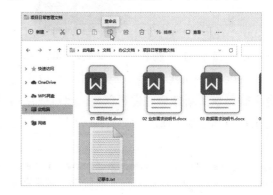

第2步 此时文件或文件夹名称即可进入编辑状态，输入新的名称，按【Enter】键确认命名，如下图所示。

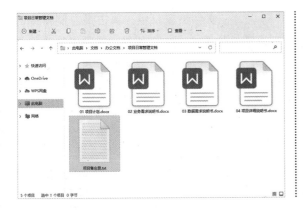

3. 使用【F2】功能键

用户可以选中需要更改名称的文件或文件夹，按【F2】功能键即可进入编辑状态，从而快速更改文件或文件夹的名称。

5.3.4 重点：打开和关闭文件 / 文件夹

打开文件或文件夹的常用方法有以下两种。

（1）选择需要打开的文件或文件夹，双击或按【Enter】键即可将其打开。

（2）选择需要打开的文件或文件夹，右击，在弹出的快捷菜单中选择【打开】选项，如下图所示。

对于文件，用户还可以通过【打开方式】命令将其打开，具体操作步骤如下。

第1步 选择需要打开的文件并右击，在弹出的快捷菜单中选择【打开方式】→【选择其他应用】选项，如下图所示。

第2步 弹出【你要以何方式打开此 .rtf 文件？】对话框后，在其中选择打开文件的应用程序，本例选择【写字板】选项，单击【确定】按钮，如下图所示。

第3步 写字板软件将打开选择的文件，如下图所示。

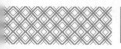
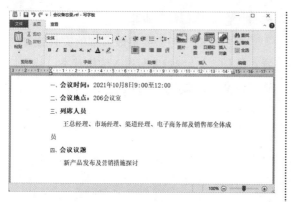

关闭文件或文件夹的常用方法如下。

（1）一般在软件的右上角都有一个关闭按钮，以写字板为例，单击写字板窗口右上角的【关闭】按钮×，可以直接关闭文件，如下图所示。

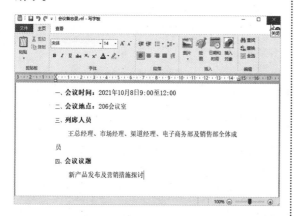

（2）关闭文件夹的操作也很简单，只需要在打开的文件夹窗口中单击右上角的【关闭】按钮×即可，如下图所示。

（3）在文件夹窗口中，单击最左侧窗口的程序图标位置或右击标题栏，在弹出的菜单中选择【关闭】选项，也可以关闭文件夹，如下图所示。

（4）按【Alt+F4】组合键，可以快速关闭当前打开的文件或文件夹。

（5）双击窗口标题栏最左侧窗口的程序图标位置，也可以关闭当前窗口。

（6）在任务栏上右击要关闭的窗口图标，在弹出的快捷菜单中选择【关闭所有窗口】选项，可以关闭打开的所有文件。

5.3.5　重点：复制和移动文件 / 文件夹

在日常工作中，复制和移动文件/文件夹是常用的操作，复制是在保留原文件的基础上创建副本，可以在相同或不同文件夹下进行操作，主要目的是备份。而移动命令主要是将原文件移动到新的目标文件夹下，类似文件"搬家"。本小节主要介绍复制和移动的操作方法。

1. 复制文件和文件夹

复制文件和文件夹的方法有以下几种。

（1）右键菜单复制。选择要复制的文件或文件夹，右击，在弹出的快捷菜单中单击【复制】按钮，如下图所示。

在目标文件夹中右击，然后在弹出的快捷菜单中单击【粘贴】按钮，即可完成复制，如下图所示。

（2）快捷键复制。选择要复制的文件或文件夹，按【Ctrl+C】组合键，在目标位置按

【Ctrl+V】组合键即可。

（3）拖曳复制。选择要复制的文件或文件夹，如果目标位置是不同磁盘，直接拖曳文件或文件夹即可复制；如果是同一磁盘，则需在按【Ctrl】键的同时，使用鼠标将其拖曳至目标文件夹，即可完成复制。

2. 移动文件或文件夹

移动文件或文件夹的具体操作步骤如下。

第1步 选择需要移动的文件或文件夹并右击，在弹出的快捷菜单中选择【剪切】按钮，如下图所示。

第2步 打开目标文件夹并在空白处右击，在弹出的快捷菜单中单击【粘贴】按钮，如下图所示。

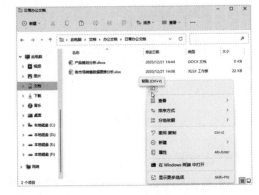

第3步 此时选定的文件或文件夹被移动到目标

文件夹，如下图所示。

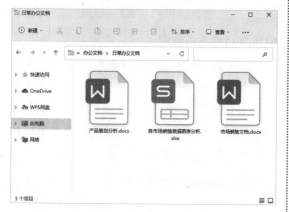

| 提示 |

用户除了可以使用上述方法移动文件外，还可以使用【Ctrl+X】组合键实现【剪切】功能，再使用【Ctrl+V】组合键实现【粘贴】功能，这样也可以完成文件的移动。

用户也可以用鼠标直接拖曳完成移动操作，方法是先选中要移动的文件或文件夹，按住鼠标左键，然后把它拖到需要的文件夹中，并使文件夹反蓝显示，再释放左键，这样选中的文件或文件夹就移动到指定的文件夹中了，如下图所示。

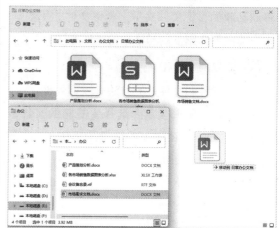

5.3.6 重点：删除文件 / 文件夹

删除文件或文件夹的常用方法有以下几种。

（1）选择要删除的文件或文件夹，按键盘上的【Delete】键或【Ctrl+D】组合键。

（2）选择要删除的文件或文件夹，单击功能区中的【删除】按钮，如下图所示。

（3）选择要删除的文件或文件夹，右击，在弹出的快捷菜单中单击【删除】按钮，如下图所示。

（4）选择要删除的文件或文件夹，直接拖曳到【回收站】中。

| 提示 |

删除命令只是将文件或文件夹移入【回收站】中，并没有将其从磁盘上清除，如果发生误删，可以从【回收站】中恢复还需要使用的文件或文件夹。

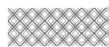

如果要彻底删除文件或文件夹，则可以先选择要删除的文件或文件夹，然后按【Shift+Delete】组合键，系统弹出【删除文件】或【删除文件夹】对话框，提示用户"确实要永久性地删除此文件（或文件夹）吗？"，单击【是】按钮，即可将其彻底删除，如下图所示。

5.4 实战 3：文件和文件夹的高级操作

文件和文件夹的高级操作主要包括隐藏与显示文件或文件夹、压缩与解压文件或文件夹、加密与解密文件或文件夹等。

5.4.1 重点：隐藏和显示文件 / 文件夹

隐藏文件或文件夹可以增强文件的安全性，同时可以防止误操作导致文件或文件夹丢失。下面介绍如何隐藏和显示文件/文件夹。

1. 隐藏文件 / 文件夹

隐藏文件和隐藏文件夹的方法相同，下面以隐藏文件为例，介绍隐藏文件或文件夹的方法。

第1步 选择需要隐藏的文件，如"各市场销售数据图表分析.xlsx"，右击，并在弹出的快捷菜单中选择【属性】选项，如下图所示。

第2步 弹出【各市场销售数据图表分析.xlsx属性】对话框，选择【常规】选项卡，然后勾选【隐藏】复选框，单击【确定】按钮，如下图所示。

第3步 此时选择的文件被成功隐藏，如下图所示。

2. 显示文件 / 文件夹

文件或文件夹被隐藏后，用户要想调出隐藏文件，需要显示文件，具体操作步骤如下。

第1步 在文件夹窗口中，选择【查看】→【显示】→【隐藏的项目】选项，如下图所示。

第2步 此时即可显示隐藏的文件，如下图所示。

> **|提示|** ::::::::
>
> 隐藏的文件或文件夹颜色会比较浅，很容易与正常显示文件区分。

第3步 选择隐藏的文件，按【Alt+Enter】组合键，打开【各市场销售数据图表分析.xlsx属性】对话框，取消勾选【隐藏】复选框，单击【确定】按钮，如下图所示。

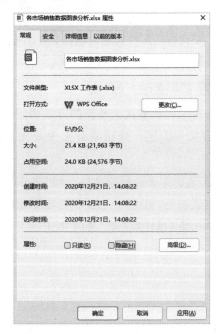

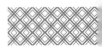

第4步 此时，隐藏的文件即会完全显示，如下图所示。

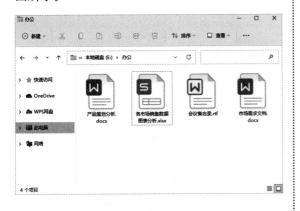

| 提示 |

完成显示文件的操作后，用户可根据需要取消勾选【查看】→【显示】→【隐藏的项目】复选框，从而避免对隐藏文件的误操作，如下图所示。

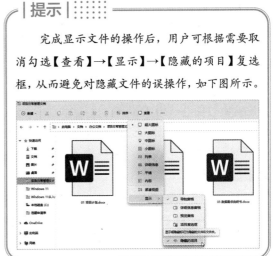

5.4.2 重点：压缩和解压文件/文件夹

对于特别大的文件，用户可以进行压缩操作，经过压缩的文件占用的磁盘空间较少，并有利于更快速地传输到其他计算机上，以实现网络的共享功能。

1. 压缩文件/文件夹

下面以文件资源管理器的压缩功能为例，介绍如何压缩文件或文件夹。

第1步 选择需要压缩的文件并右击，在弹出的快捷菜单中选择【压缩为ZIP文件】命令，如下图所示。

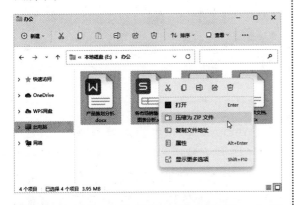

第2步 此时即可将所选文件压缩成一个以"zip"为扩展名的文件，如下图所示。

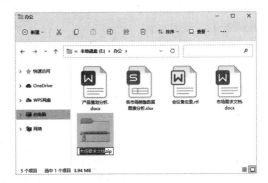

第3步 双击压缩包，即可打开该压缩包，并显示其中包含的文件，如下图所示。

2. 解压文件 / 文件夹

如果需要打开压缩之后的文件或文件夹，可以对文件或文件夹进行解压操作，具体操作步骤如下。

第1步 选中需要解压的文件并右击，在弹出的快捷菜单中选择【全部解压缩】选项，如下图所示。

第2步 此时系统会弹出【提取压缩(Zipped)文件夹】对话框，在其中选择一个目标并提取文件，如下图所示。

第3步 单击【提取】按钮，系统会弹出提取文件的进度对话框，如下图所示。

第4步 提取完成后，提取的目标文件夹会被打开，显示解压的文件，如下图所示。

Windows 11文件资源管理器仅支持ZIP格式的压缩和解压，如果压缩文件格式为RAR或其他格式，可以下载360压缩、好压或WinRAR等压缩软件。使用它们不仅可以压缩成或解压多种格式的文件，还可以添加密码，保护要锁定的文件。

规划电脑的工作盘

使用电脑办公时通常需要规划电脑的工作盘，将工作、学习和生活的相关文件用盘合理区分，做到工作和生活两不误。网络的普及使电脑办公更加方便，人们不仅能在办公室办公，还可以在家里办公，且电脑硬盘空间不断增大，可以使用一台电脑处理工作、学习和生活中的文件。因此，合理规划电脑的磁盘空间就十分重要。

常见的规划硬盘的操作包括格式化分区、调整分区容量、分割分区、合并分区、删除分区和更改驱动器号等。下面介绍几种规划硬盘的操作方法。

1. 格式化分区

格式化就是在磁盘中建立磁道和扇区，磁道和扇区建立好之后，电脑才可以使用磁盘来储存数据。不过，对存有数据的硬盘进行格式化，硬盘中的数据将被删除。

第1步 右击【此电脑】窗口中的磁盘E，在弹出的快捷菜单中选择【格式化】选项，弹出【格式化 本地磁盘（G:）】对话框（"本地磁盘（G:）"为卷标），可在其中设置磁盘的【文件系统】【分配单元大小】等，如下图所示。

第2步 单击【开始】按钮，弹出提示对话框。若确认格式化该磁盘，则单击【确定】按钮；若退出，则单击【取消】按钮退出格式化。单击【确定】按钮，即可开始格式化磁盘分区G，如下图所示。

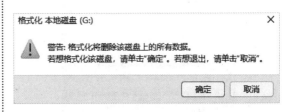

> **| 提示 |**
>
> 在格式化磁盘前，务必确保磁盘中的文件已被全部备份，以防重要文件丢失。此外，还可以使用 DiskGenius 软件格式化硬盘。

2. 调整分区容量

分区容量不能随意调整，否则可能会导致分区中的数据丢失。下面介绍如何在 Windows 11 操作系统中利用自带的工具调整分区的容量，具体操作步骤如下。

第1步 单击任务栏中的【搜索】按钮，打开搜索框并输入"计算机管理"，在弹出的搜索结果中选择【计算机管理】应用，并选择下方的【打开】选项，如下图所示。

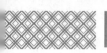

第2步 打开【计算机管理】窗口，选择窗口左侧的【磁盘管理】选项，即可在右侧界面中显示本机磁盘的信息列表，如下图所示。

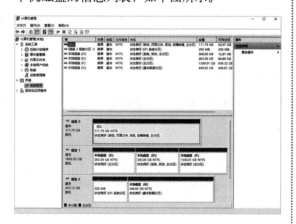

第3步 选择需要调整容量的分区并右击，在弹出的快捷菜单中选择【压缩卷】命令，如下图所示。

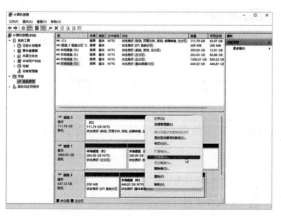

第4步 弹出【查询压缩空间】对话框，系统开始查询卷以获取可用的压缩空间，如下图所示。

第5步 系统弹出【压缩G：】对话框后，在【输入压缩空间量】文本框中输入调整的分区大小为"200000"，【压缩后的总计大小】文本框中会显示调整后的容量，单击【压缩】按钮，如下图所示。

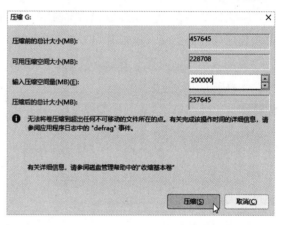

第6步 系统将从G盘中划分出 200000MB（约为 195.31GB）空间，G盘的容量被调整，如下图所示。

第7步 右击新分区，在弹出的快捷菜单中选择【新建简单卷】选项，如下图所示。

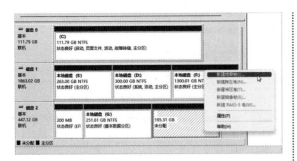

第8步 弹出【新建简单卷向导】对话框，单击【下一页】按钮，如下图所示。

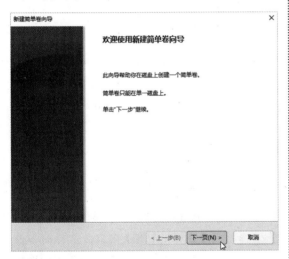

第9步 进入【指定卷大小】界面，单击【下一页】按钮，如下图所示。

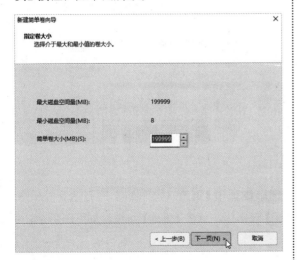

第10步 进入【分配驱动器号和路径】界面，选

择驱动器号，如这里选择【H】，单击【下一页】按钮，如下图所示。

第11步 进入【格式化分区】界面，设置卷标，如这里为【新加卷】，单击【下一页】按钮，如下图所示。

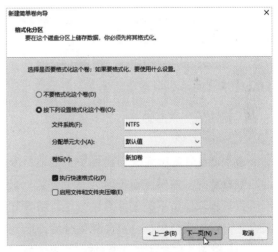

第12步 进入【正在完成新建简单卷向导】界面，单击【完成】按钮，如下图所示。

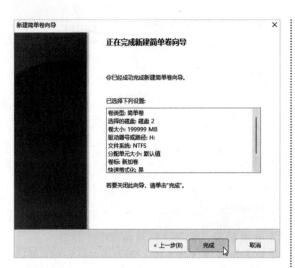

第13步 此时即会格式化该分区，建立一个卷标为"新加卷"、驱动器号为"H"的分区，如下图所示。

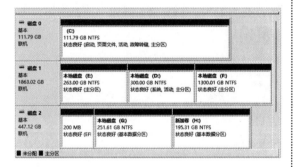

3. 删除分区

删除硬盘分区主要是创建可用于创建新分区的空白空间。如果当前硬盘为单个分区，则不能将其删除，也不能删除系统分区、引导分区或任何包含虚拟内存分页文件的分区，因为Windows需要此信息才能正确启动。

删除分区的具体操作步骤如下。

第1步 打开【计算机管理】窗口，选择窗口左侧的【磁盘管理】选项，即可在右侧界面中显示本机磁盘的信息列表。选择需要删除的分区，右击并在弹出的快捷菜单中选择【删除卷】选项，如下图所示。

第2步 弹出【删除 简单卷】对话框，单击【是】按钮，即可删除分区，如下图所示。

4. 更改驱动器号

利用 Windows 中的【磁盘管理】也可以处理盘符错乱的情况，操作方法非常简单，用户不必下载其他软件即可处理这一问题。

第1步 打开【计算机管理】窗口，选择窗口左侧的【磁盘管理】选项，在右侧磁盘列表中选择要更改的磁盘并右击，在弹出的快捷菜单中选择【更改驱动器号和路径】选项，如下图所示。

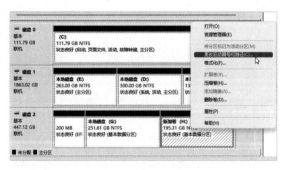

第2步 弹出【更改H:(新加卷)的驱动器号和路径】对话框，单击【更改】按钮，如下图所示。

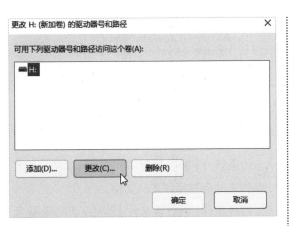

第3步 系统弹出【更改驱动器号和路径】对话框后，单击右侧的下拉按钮，在下拉列表中为该驱动器指定一个新的驱动器号，如下图所示。

第4步 单击【确定】按钮，弹出确认对话框，单击【是】按钮即可完成盘符的更改，如下图所示。

◇ 复制文件的路径

有时我们需要快速确定某个文件的位置，如编程时需要引用某个文件的位置，这时可以快速复制文件/文件夹的路径到剪切板，具体操作步骤如下。

第1步 打开【文件资源管理器】，在其中找到要复制路径的文件或文件夹并右击，在弹出的快捷菜单中选择【复制文件地址】选项，就可以将其路径复制到剪切板中了，如下图所示。

第2步 新建一个记事本文档，按【Ctrl+V】组合键，就可以粘贴路径到记事本中，如下图所示。

◇ **显示文件的扩展名**

Windows 11 系统默认情况下不显示文件的扩展名，用户可以更改设置，显示文件的扩展名，具体操作步骤如下。

第1步 打开电脑中任意文件夹窗口，选择【查看】→【显示】→【文件扩展名】选项，如下图所示。

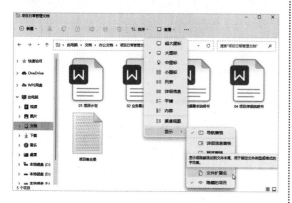

第2步 此时打开一个文件夹，即可看到文件的扩展名，如下图所示。

◇ **文件复制冲突的解决方式**

当需要将一个文件复制并粘贴在目标文件夹中时，如果目标文件夹中包含一个与该文件名称和格式相同的文件，那么系统就会弹出一个信息提示框，如下图所示。

如果选择【替换目标中的文件】选项，则要粘贴的文件会替换原来的文件。

如果选择【跳过该文件】选项，则不粘贴复制的文件，保留原来的文件。

如果选择【比较两个文件的信息】选项，则会打开【1个文件冲突】对话框，提示用户要保留哪些文件，如下图所示。

如果想要保留两个文件，则选中两个文件的复选框，这样复制的文件将在名称中添加一个编号，如下图所示。

单击【继续】按钮，返回文件夹窗口，可以看到添加编号的文件与原文件，如下图所示。

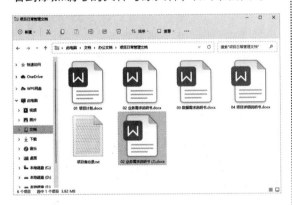

在日常工作中，对文件进行命名时，一定要养成好的命名习惯，保持命名规则的一致性和描述性，这样不仅便于搜索文档，而且也会为工作带来很多便利。文档的命名与管理可根据情况包含以下信息：①文档内容（项目的名称或简写）；②版本信息（如果文档进行了修改，可以写明几版几次修改）；③时间日期（日期格式建议使用YYYYMMDD或YYMMDD，方便排序）；④更改人员（如果某人进行了修改，可以在标题上进行表示，也易于区分）。

另外，在命名文件时，切勿使用空格、特殊符号，如果使用数字，建议使用"0"开头，如001、002、003……切勿使用1、2、3……否则不利于文件的排序。

第6章

程序管理——
软件的安装与管理

📖 本章导读

    一台完整的电脑包括硬件和软件，软件是电脑的管家，用户需要借助软件来完成各项工作。在安装完操作系统后，用户首先要考虑的就是安装软件，通过安装各种类型的软件可以大大提高电脑的工作效率。本章主要介绍软件的安装、升级、卸载，组件的添加、删除，以及硬件的管理等基本操作。

🛈 思维导图

6.1 认识常用的软件

软件是多种多样的，涉及各个领域，分类也极为丰富，主要包括文件处理类、社交类、网络应用类、安全防护类、影音图像类等，下面介绍常用的几类软件。

1. 文件处理类

电脑办公离不开对文件的处理。常见的文件处理软件有Microsoft Office、WPS Office、Adobe Acrobat等。下图所示为Excel 2021操作界面。Office 是由金山软件公司开发的一系列办公软件，包括办公软件最常用的文字、表格、演示等多种功能。

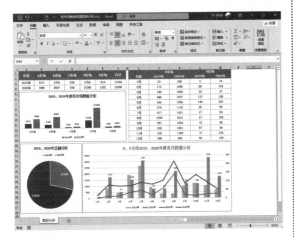

2. 社交类

目前网络上存在的社交类软件有很多，比较常用的有腾讯QQ（简称QQ）、微信等。

QQ是一款基于互联网的即时通信软件，支持显示好友在线信息、即时聊天、即时传输文件等功能。另外，QQ还有发送离线文件、共享文件、使用QQ邮箱、玩游戏等功能，QQ的聊天窗口如下图所示。

微信目前主要应用在智能手机上，支持收发语音消息、视频、图片和文字等功能，可以进行群聊。微信除了有手机客户端外，还有电脑客户端，下图所示为微信电脑客户端的聊天窗口。

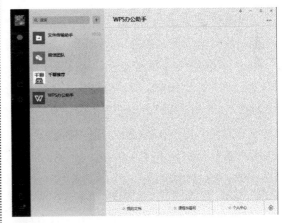

3. 网络应用类

在工作中，人们经常需要查找或下载资料，通过网络可以快速完成这些工作。常见的网络应用软件有浏览器、下载工具等。

浏览器是指可以显示网页服务器或文件系统的HTML文件内容，并让用户与这些文件进行交互的软件。常见的浏览器有Microsoft Edge浏览器、搜狗高速浏览器、360安全浏览器等。下图所示为Microsoft Edge的浏览器界面。

4. 安全防护类

在使用电脑办公的过程中，有时电脑会出现死机、黑屏、自动重启、反应速度慢或中病毒等现象，导致工作文件丢失。为防止这些现象的发生，用户一定要做好防护措施。常用的免费安全防护类软件有360安全卫士、腾讯电脑管家等。

360安全卫士是一款由奇虎360推出的安全防护软件，因其功能强、效果好而广受用户欢迎。360安全卫士拥有查杀木马、清理插件、修复漏洞、电脑体检、保护隐私等多种功能，并独具"木马防火墙"功能。360安全卫士的使用极其方便，用户口碑极佳，用户数量庞大，其主界面如下图所示。

腾讯电脑管家是腾讯公司出品的一款安全防护软件，集专业病毒查杀、智能软件管理、系统安全防护功能于一身，同时还融合了垃圾清理、电脑加速、修复漏洞、软件管理、电脑诊所等一系列辅助管理功能，满足用户杀毒防护和安全管理的双重需求，其主界面如下图所示。

5. 影音图像类

在工作中，用户经常需要编辑图片或播放影音等，这时就需要使用影音图像类软件。常见的影音图像类软件有Photoshop、美图秀秀、爱奇艺等。

Photoshop是专业的图形图像处理软件，是设计师的必备工具之一。Photoshop不仅为图形图像设计提供了一个更加广阔的平台，而且在图像处理中还有"化腐朽为神奇"的功能。下图所示为Photoshop 2020软件界面。

6.2 实战 1：安装软件

获取软件安装包的方法主要有 3 种，分别是从软件官方网站下载、从应用商店中下载和从软件管家中下载。

6.2.1 官网下载

官方网站（简称官网）是公开团体主办者体现其意志想法，公开团体信息，并带有专用、权威、公开性质的一种网站，从官网上下载软件安装包是最常用的方法。

从官网上下载安装软件包的操作步骤如下。

第1步 打开浏览器，使用搜索引擎搜索软件官网或直接在地址栏中输入官网网址。下面以下载QQ软件安装包为例进行讲解。打开QQ软件安装包的下载页面，单击【立即下载】按钮，如下图所示。

第2步 此时软件安装包开始下载，并在浏览器左下角显示下载的进度，如下图所示。

第3步 下载完成后，单击【打开文件】链接，即可运行该软件的安装程序，如下图所示。

QQ Windows版 9.5.0

提示

如果界面没有显示【下载】对话框，可以单击【设置及其他】按钮 ，从中选择【下载】选项，打开该对话框。另外，也可以按【Ctrl+J】组合键快速打开【下载】对话框。

第4步 在【下载】对话框中单击【在文件夹中显示】按钮 ，即可打开软件安装包所在的文件夹，如下图所示。

6.2.2 注意事项

在安装软件的过程中，需要注意一些事项，下面进行详细介绍。

（1）安装软件时注意安装地址。多数情况下，软件的默认安装地址在C盘，但 C 盘是电脑的系统盘，如果 C 盘中安装了过多的软件，很可能导致软件无法运行或运行缓慢。

（2）安装软件时注意是否有捆绑软件。很多时候，在安装软件的过程中，会安装一些用户不知道的软件，这些软件被称为捆绑软件。因此安装软件的过程中，一定要注意是否有捆绑软件，如果有，一定要取消捆绑软件的安装。

（3）电脑中不要安装过多或功能相同的软件。每个软件安装在电脑中都占据一定的电脑资源，如果过多地安装，会使电脑反应变慢。安装功能相同的软件也可能导致两款软件之间出现冲突，使软件无法正常运行。

（4）安装软件时尽量选择正式版软件，不要选择测试版软件。测试版软件意味着这款软件可能并不完善，还存在很多的问题，而正式版则是经过了无数次的测试，确认使用不会出现问题后才推出的软件。

（5）安装的软件一定要经过电脑安全软件的安全扫描。经过电脑安全软件扫描后确认无毒无木马的软件才是最安全的，可以放心地使用。如果安装时出现了警告或阻止的情况，建议停止安装，选择安全的站点重新下载之后再安装该软件。

6.2.3 开始安装

一般情况下，软件的安装过程大致相同，分为运行软件的安装程序、接受许可协议、选择安装路径和进行安装等几个步骤，有些付费软件还会要求输入注册码或产品序列号等。

下面以安装QQ为例介绍如何安装软件，具体操作步骤如下。

第1步 打开下载的QQ软件安装包，界面弹出安装对话框后，用户可以单击【立即安装】按钮直接安装软件，也可以单击【自定义选项】进行自定义安装。这里单击【自定义选项】进行安装，如下图所示。

第2步 设置软件的安装项及安装地址，单击【立即安装】按钮，如下图所示。

第3步 此时软件即可进入安装状态，如下图所示。

第4步 安装完成后，取消勾选安装推荐软件复选框，然后单击【完成安装】按钮，如下图所示。

第5步 此时软件即可启动，打开软件界面，如下图所示。

6.3 实战2：查找安装的应用程序

应用程序安装完成后，用户可以在电脑中查找安装的软件，包括查看所有应用列表、按首字母和数字查找应用等。

6.3.1 重点：查看所有应用列表

在Windows 11操作系统中，用户可以轻松地查看所有程序列表，具体操作步骤如下。

第1步 单击【开始】按钮▦或按【Windows】键，在弹出的【开始】菜单中单击【所有应用】按钮，如下图所示。

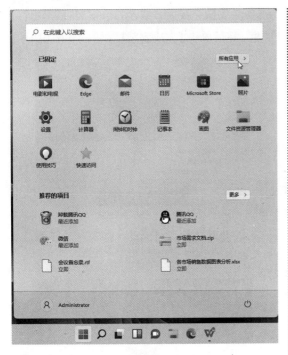

第2步 此时即可打开所有应用列表，向下或向上滚动鼠标滑轮即可浏览所有安装的程序，如下图所示。

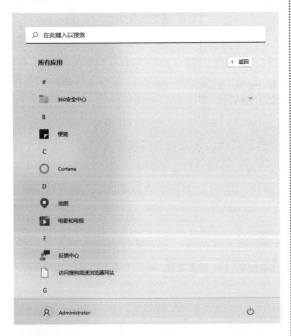

第3步 在应用列表中，如果有文件夹图标，可单击右侧的【展开】按钮，展开并查看包含

的程序，如下图所示。

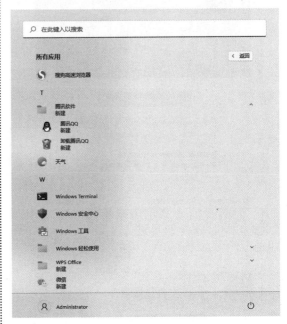

另外，在"开始"菜单中，【推荐的项目】区域下显示了最近添加的程序及文件。单击【更多】按钮，如下图所示。

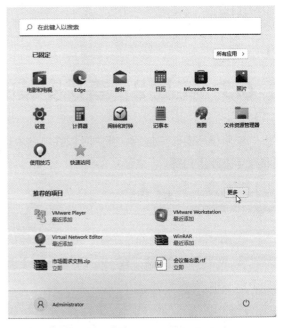

此时即可打开推荐的项目列表，单击即可快速启用，如下图所示。

6.3.2 重点：按首字母查找应用程序

如果程序列表中包含很多软件，在找某个软件时，就会比较麻烦。在Windows 11的【开始】菜单中，应用程序是按首字母进行排序的，用户可以利用首字母来查找软件，具体操作步骤如下。

第1步 单击程序列表中的任一字母选项，如单击字母C，如下图所示。

第2步 此时即可弹出字母搜索面板，如查看首字母为"T"的程序，单击面板中的【T】字母，如下图所示。

第3步 随即返回程序列表中，可以看到首先显示的就是以"T"开头的程序列表，如下图所示。

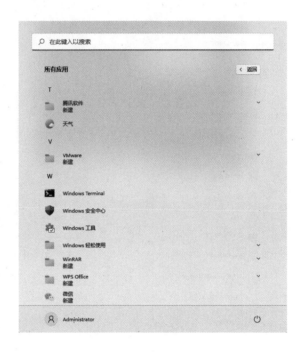

6.3.3 重点：使用搜索框快速查找应用程序

Windows 11系统大大提高了检索速度，借助搜索框，可以快速找到目标软件，而且支持模糊搜索，与按首字母查找软件相比，更为快捷和准确。

第1步 单击任务栏中的【搜索】图标 🔍，打开搜索框，选择【应用】选项卡，如下图所示。

> **│提示│：：：：**
>
> 按【Windows+S】组合键可快速打开搜索框。

第2步 输入要搜索的程序名称，如搜索"微

信"，系统会立即匹配相关的程序，选择【打开】选项即可启动该程序，如下图所示。

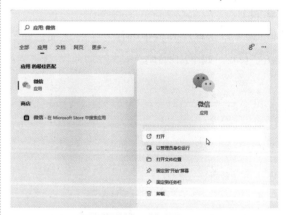

另外，如果仅知道软件的部分字母或关键文字，也可以通过搜索快速查找。如这里查找"Adobe Acrobat 7.0 Professional"，由于名字较长，很难记忆，可以输入"adob""acr"或"pro"等，通过模糊搜索找到该软件。

6.4 实战3：更新和升级应用程序

软件并不是一成不变的，软件公司会根据用户的需求不断推陈出新，更新一些新的功能，提高软件的用户体验。下面将分别介绍软件自动检测升级和使用第三方管理软件升级的具体方法。

6.4.1 使用应用程序自动检测升级

下面以更新"腾讯QQ"软件为例，介绍软件升级的一般步骤。

第1步 在QQ软件界面中，单击【主菜单】按钮 ≡，在弹出的菜单中选择【升级】选项，如下图所示。

第2步 如果软件有新版本，则弹出对话框并提示"你有最新QQ版本可以更新了！"，单击【更新到最新版本】按钮，如下图所示。

第3步 此时系统即会开始下载新版本，并在桌面右下角显示"QQ更新"消息框，如下图所示。

第4步 更新下载完成后，弹出下图所示的消息框，单击【立即重启】按钮，即可完成软件的升级。重启并登录QQ后，会弹出新功能介绍对话框。

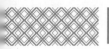

6.4.2 使用第三方管理软件升级

用户可以通过第三方管理软件升级电脑中的软件，如360安全卫士和腾讯电脑管家，使用方便，可以一键升级软件。下面以360安全卫士为例，介绍如何一键升级电脑中的软件。

第1步 打开360安全卫士中的"360软件管家"界面，在顶部的【升级】图标上，可以看到显示的数字"3"，表示有3款软件可以升级，如下图所示。

第2步 单击【升级】图标，在【升级】界面中即可看到可升级的软件列表。如果要升级单个软件，单击该软件右侧的【升级】按钮即可；如果要升级全部软件，则单击界面右下角的【一键升级】按钮即可同时升级多个软件，如下图所示。

实战 4：卸载软件

当安装的软件不再有使用需要时，可以将其卸载，以便腾出更多的空间来安装需要的软件，在Windows 11操作系统中，卸载软件有以下3种方法。

6.5.1 重点：在"程序和功能"窗口中卸载软件

在Windows 11操作系统中，利用"程序和功能"窗口卸载软件是基本操作，具体操作步骤如下。

第1步 单击【开始】按钮▦，打开所有程序列表，右击要卸载的程序图标，在弹出的菜单中选择【卸载】选项，如下图所示。

第2步 打开【程序和功能】窗口，再次选择要卸载的程序，单击【卸载/更改】按钮，如下图所示。

| 提示 |

有些程序在选择后，会直接显示【卸载】按钮，单击该按钮即可。

第3步 在弹出的软件卸载对话框中，选中【放弃列表中0首歌曲，狠心卸载】单选项，然后单击【下一步】按钮，如下图所示。

| 提示 |

不同的程序，其卸载窗口的相应选项有所不同，用户根据实际情况选择即可。

第4步 软件随即开始卸载，并显示卸载进程，如下图所示。

第5步 卸载完成后，单击【完成】按钮，即可完成卸载，如下图所示。

| 提示 |

部分软件在单击【完成】按钮前，需确保没有勾选安装其他软件的复选框，否则系统将会在卸载完成后，安装其他勾选的软件。

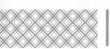
6.5.2　重点：在"应用和功能"界面中卸载软件

Windows 11系统新增了【设置】面板，代替了低版本操作系统中【控制面板】的部分功能，但依然保留并优化了部分功能，下面介绍在"应用和功能"界面中卸载软件的方法。

第1步 右击【开始】按钮，在弹出的菜单中选择【应用和功能】选项，如下图所示。

| 提示 |

也可以按【Windows+I】组合键，打开【设置】面板，选择【应用】→【应用和功能】选项，进入【应用和功能】界面。

第2步 进入【应用和功能】界面，选择要卸载的程序，单击程序下方的【卸载】按钮，如下图所示。

第3步 弹出下图所示的提示框，单击【卸载】按钮。

第4步 弹出软件卸载对话框，在其中选择相应的选项，单击【卸载】按钮，如下图所示。

第5步 卸载完成后，单击【确定】按钮即可完成卸载，如下图所示。

6.5.3　使用第三方管理软件卸载软件

用户还可以使用第三方管理软件，如360软件管家、腾讯电脑管家等来卸载电脑中不需要的软件。

以 360 软件管家为例，单击【卸载】图标，进入软件卸载列表，勾选要卸载的软件，单击【一键卸载】按钮，即可完成卸载，如下图所示。

设置文件的默认打开方式

电脑的功能越来越强大，应用软件的种类也越来越多，用户往往会在电脑上安装多个同样功能的软件，这时该怎样将其中一个软件设置为默认应用呢？设置默认应用的方法有多种，下面以"默认应用"界面为例，设置系统的默认应用。

第1步 按【Windows+I】组合键，打开【设置】面板，选择【应用】→【默认应用】选项，如下图所示。

第2步 列表中显示了电脑中应用程序的默认值列表，用户可根据需要打开并设置默认值，本例选择单击【Groove音乐】程序，如下图所示。

第3步 此时即可显示该程序支持打开的文件类型或链接类型，如下图所示。例如，这里更改".aac"文件的打开方式，单击其格式右侧的 🖉 按钮。

第4步 此时即会弹出【从现在开始，你希望以什么方式打开.aac文件？】对话框，选择要设置的应用，如这里选择"QQ音乐，让音乐充满生活"，如下图所示。

第5步 返回【Grrove音乐】界面，可以看到.aac文件格式下的默认应用显示为"QQ音乐，让音乐充满生活"，表示已修改完成，如下图所示。

第6步 打开包含该文件类型的文件夹，可以看

到其文件图标变为了"QQ音乐"图标，如下图所示。

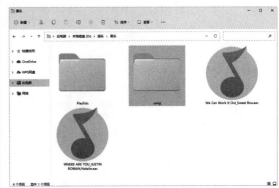

如果要指定软件打开某个类型的文件，则选择该文件，按【Alt+Enter】组合键打开属性对话框，单击【打开方式】右侧的【更改】按钮，设置默认打开应用。

另外，用户也可以对常用的播放和浏览软件设置程序，如默认视频播放器、浏览器等，可以使用360安全卫士，在其主界面中单击【功能大全】→【系统】→【默认软件】图标，启动该工具，如下图所示。

此时即会弹出【默认软件设置】界面，可以在界面中设置默认启用程序。例如，如果希望将"音乐播放器"设置为"QQ音乐"，则可单击

"QQ音乐"图标下方的【设为默认】按钮，如下图所示。

◇ **为电脑安装更多字体**

如果想在电脑中使用一些特殊的字体，如草书、毛体、广告字体、艺术字体等，需要用户自行安装。为电脑安装字体的操作步骤如下。

第1步 下载字体包，下图所示为下载的字体包文件夹。

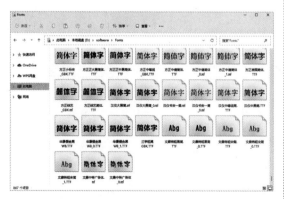

第2步 选中需要安装的字体并右击，在弹出的快捷菜单中选择【显示更多选项】选项，如下图所示。

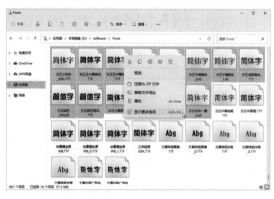

第3步 选择快捷菜单中的【安装】选项，如下图所示。

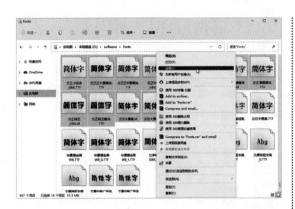

第4步 弹出【正在安装字体】对话框，其中显示了字体的安装进度，如下图所示，安装完成后即可使用。

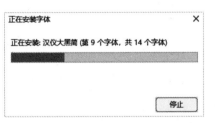

│提示│ ┊┊┊┊┊┊┊┊┊┊┊┊┊┊┊

如果安装的字体要用于商用，则需确定字体的商业版权。如果是收费的字体，则应向字体的版权方进行购买；如果字体是免费的，则应确定字体是否需要获得版权方的书面授权，否则会侵犯字体版权方的著作权。

◇ 如何强制关闭无任何响应的程序

在使用电脑的过程中，有时会碰到应用程序无任何响应的情况。长时间不响应时，简单的方法是关闭该程序，但是如果使用常用的关闭方式无法关闭，那就只能强制关闭，具体操作方法如下。

第1步 按【Ctrl+Shift+Esc】组合键，打开【任务管理器】窗口，在进程列表中找到该程序名称，然后单击【结束任务】按钮，如下图所示。

第2步 此时即可看到【进程】列表中已无该程序，如下图所示。如果仍想使用该程序，重启该程序即可。

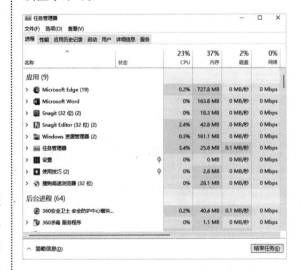

第2篇

网络应用篇

第 7 章

电脑上网——网络的连接与设置

本章导读

互联网影响着人们的生活和工作方式，通过网络人们可以和千里之外的人进行交流。目前，联网的方式有很多种，主要的联网方式包括光纤宽带上网、小区宽带上网和无线上网等。

思维导图

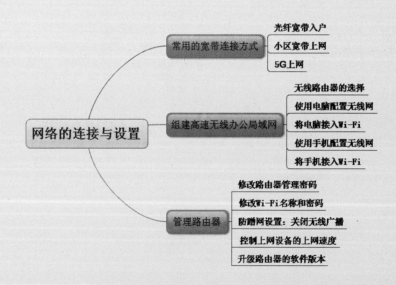

7.1 实战1：网络的配置

上网的方式多种多样，主要的上网方式包括光纤宽带上网、小区宽带上网、5G上网等，不同的上网方式所带来的网络体验也不同，本节主要介绍有线网络的设置。

7.1.1 光纤宽带上网

随着人们对网速要求的提高，光纤入户已成为目前最常见的家庭联网方式，常见的服务商——联通、电信和移动，都采用光纤入户的方式，配合千兆光Modem，速度达百兆至千兆。与之前的ADSL接入方式相比，光纤宽带上网以光纤为信号传播载体，在光纤两端装设光Modem，把传输的数据由电信号转换为光信号进行通信，对于用户而言具有速度快、掉线少的优点。

1. 开通业务

常见的宽带服务商有联通、电信和移动。申请开通宽带上网业务一般可以通过两种途径，一种是携带有效证件，直接到受理宽带业务的当地宽带服务商营业厅申请；另一种是登录当地宽带服务商网站进行在线申请。申请宽带业务后，当地服务商的工作人员会上门安装光Modem(俗称光纤猫或光猫)并做好上网设置。

> **提示**
>
> 用户申请宽带上网业务后会获得一组上网账号和密码。有的宽带服务商会提供光Modem，有的则不提供，需要用户自行购买。

2. 设备的安装与设置

一般情况下，网络服务提供商的工作人员上门安装光纤时，在将光纤线与光Modem连通后，会对连接情况进行测试。如果没有带无线功能的光Modem，则需要通过路由器或电脑进行拨号联网，如下图所示。其左侧接口为光纤网接口，由工作人员接入，其右侧的两个口为

LAN接口(局域网接口)，用于连接其他拨号上网设备，如电脑、路由器等，最右侧是电源接口和开关按钮，主要负责连接电源和开/关设备。

如果使用光Modem设备，可用一根网线，一端接入电脑主机后面的RJ45网线接口，另一端接入光Modem中任意一个LAN接口，启动电脑，并进行如下设置，为电脑拨号联网。

第1步 右击任务栏中的【网络】按钮，在弹出的菜单中选择【网络和Internet设置】选项，如下图所示。

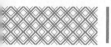

第2步 弹出【网络 & Internet】设置界面，选择【拨号】选项，如下图所示。

第3步 进入【拨号】页面，单击【宽带连接】下的【连接】按钮，如下图所示。

第4步 在弹出的【Windows安全中心】对话框中，在【用户名】和【密码】文本框中输入服务商提供的用户名和密码，单击【确定】按钮，如下图所示。

第5步 此时即可看到宽带正在连接，连接完成

后即可看到【网络 & Internet】设置界面中显示的"已连接"字样，如下图所示。此时可打开网页测试网络。

提示

网络配置成功后，网络图标由【不可访问Internet】状态变为了【访问Internet】状态。

目前，无线光Modem已逐渐替代老式光Modem，如下图所示。服务商大多会为新入网用户提供无线光Modem，它与老式光Modem相比，拥有无线功能，可以直接拨号联网，从光Modem的LAN接口接出的网线可以直接连接路由器、电脑、交换机、电视等设备。一般情况下，无线光Modem虽然有无线功能，但是其信号覆盖面积小，建议接入一个路由器，以达到更好的网络覆盖效果。

| 提示 |

　　不同的无线光Modem设备，其LAN接口也会稍有区别，如有的LAN接口仅支持连接电视，不能连接路由器。部分光Modem设备的LAN接口有百兆和千兆之分，如果带宽为100兆以内，可接入任意LAN接口，搭配百兆路由器即可；如果带宽为100兆以上，建议采用千兆路由器，并接入千兆LAN接口，因为百兆路由器最大支持100兆带宽，即便带宽为300兆，采用百兆路由器的网速也仅相当于100兆带宽，而使用千兆路由器，则可达到300兆带宽，且最大可支持1000兆带宽。正确接入LAN接口并选择合适的路由器，可以有更好的上网体验。

7.1.2　小区宽带上网

　　小区宽带一般指的是光纤到小区，也就是LAN宽带，使用大型交换机分配网线给各户，不需要使用ADSL Modem设备，电脑配有网卡即可连接上网，整个小区共享一根光纤。在用户不多的时候，速度非常快。这是大中城市目前比较普遍的一种宽带接入方式，有多家服务商提供此类宽带接入方式，如联通、电信和长城宽带等。

1. 开通业务

　　小区宽带的开通申请比较简单，用户只需携带自己的有效证件和本机的物理地址到负责小区宽带的服务商处申请即可。

2. 设备的安装与设置

　　小区宽带申请开通业务后，服务商会安排工作人员上门安装。另外，不同的服务商会提供不同的上网信息，有的会提供上网的用户名和密码，有的会提供IP地址、子网掩码及DNS服务器，也有的会提供MAC地址。

3. 电脑端配置

　　不同的小区宽带上网方式，设置方法也不同。下面介绍不同小区宽带上网方式的设置方法。

　　（1）使用用户名和密码。如果服务商提供上网的用户名和密码，用户只需将服务商接入的网线连接到电脑上，在【登录】对话框中输入用户名和密码，即可连接上网，如下图所示。

　　（2）使用IP地址上网。如果服务商提供IP地址、子网掩码及DNS服务器，用户需要在本地连接中设置Internet（TCP/IP）协议，具体步骤如下。

第1步　用网线将电脑的以太网接口和小区的网络接口连接起来，然后在【网络】图标上右击，在弹出的快捷菜单中选择【网络和Internet设置】选项，打开【网络 & Internet】界面，选择【以太网】选项，如下图所示。

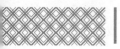

第2步 进入【以太网】页面，单击【IP分配】右侧的【编辑】按钮，如下图所示。

第3步 弹出【编辑IP设置】对话框，打开下拉列表选择【手动】选项，如下图所示。

第4步 根据IP情况选择IP协议，如这里单击【IPv4】开关，如下图所示。

第5步 设置开关为 开 后，即可在下面的文本框中填写服务商提供的IP地址和DNS服务器地址，单击【保存】按钮即可连接，如下图所示。

7.1.3　5G 上网

5G是第五代移动通信技术，理论上传输速度可达 10Gbit/s，比 4G网络传输速度快百倍，这意味着用户可以用不到 1秒的时间完成一部超高画质电影的下载。

5G网络的推出，不但给用户带来超快的网络传输速度，而且以其延迟较低的优势，广泛应用于物联网、远程驾驶、自动驾驶汽车、远程医疗手术及工业智能控制等方面。目前，我国主要一、二线城市已经覆盖 5G网络，随着5G基站的建设，5G网络将覆盖更多的地区，

更多的用户可以享受高速率的 5G 网络。

目前，支持 5G 的智能终端主要有手机、笔记本电脑及平板电脑等，如果用户想使用 5G 网络，在拥有 5G 设备终端的前提下，将SIM卡开通 5G 网络服务，即可使用 5G 上网。开通 5G 上网服务后，设备终端的上网标识会显示 5G 字样，如下图所示，其上网速度也会大大提升。

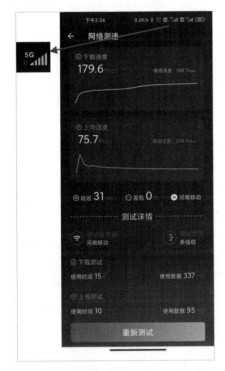

如果使用的是 5G 智能终端，但在 5G 网络覆盖下，设备却没有 5G 上网标识，这时可在设备的移动网络设置页面确定【启用 5G 网络】功能是否开启，如下图所示。

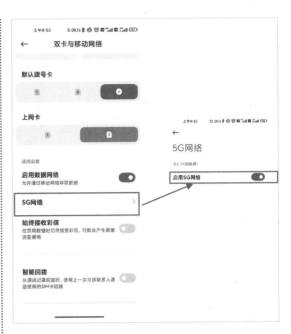

另外，用户也可以将设备的 5G 信号通过热点分享的形式，供其他无线设备接入网络，此时接入的设备同样可以享受超快的 5G 网络，如下图所示。

 ## 7.2 实战 2：组建高速无线办公局域网

无线局域网络的搭建给家庭无线办公带来了很多便利，用户可以在信号覆盖范围内的任意位置使用网络而不受束缚，大大满足了现代人的需求。建立无线局域网的操作比较简单，在有线网络到户后，用户只需连接一个无线路由器，即可建立无线网络，供其他智能设备联网使用。

7.2.1 无线路由器的选择

路由器对于大多数家庭来说，已是必不可少的网络设备，尤其是拥有无线终端设备，需要通过无线路由器接入网络的家庭。下面介绍如何选购路由器。

1. 认识型号

在购买路由器时，会发现路由器上标注有1200M、1900M、2400M、3000M等字样，这里的M是Mbit/s（比特率）的简称，是描述数据传输速度的单位。理论上，600Mbit/s的网速，字节传输的速度是75MB/s;1200Mbit/s的网速，字节传输的速度是150MB/s，用公式表示就是1MB/s=8Mbit/s。

2. 网络接口

无线路由器网络接口一般分为千兆和百兆，目前服务商提供的网络带宽已经达到200MB/s以上，建议选择千兆网络接口。

3. 产品类型

按照用途分类，路由器主要分为家用路由器和企业级路由器两种，家用路由器一般发射频率较小，接入设备也有限，主要满足家庭使用需求；而企业级路由器由于用户较多，发射频率较大，支持更高的无线带宽和更多用户的使用，而且固件具有更多功能，如端口扫描、数据防毒、数据监控等，其价格也较贵。如果是企业用户，建议选择企业级路由器，否则网络的使用会受影响，如网速慢、不稳定、易掉线、设备死机等。

另外，路由器也分为普通路由器和智能路由器，二者最主要的区别是，智能路由器拥有独立的操作系统，可以实现智能化管理，用户可以自行安装各种应用来控制带宽、在线人数、在线时间，以及浏览网页而且拥有强大的USB共享功能。华为、华硕、TP-LINK、小米等企业推出了自己的智能路由器，已经被广泛使用。

4. 单频、双频还是三频

路由器的单频、双频和三频指的是支持的无线网络通信协议。单频仅支持2.4GHz频段，目前已被逐渐淘汰；双频包含了两个无线频段，一个是2.4GHz，一个是5GHz，在传输速度方面，5GHz频段的传输速度更快，但是其传输距离和穿墙性能不如2.4GHz；三频包含了一个2.4GHz和两个5GHz无线频段，比双频路由器多了一个5GHz频段，方便用户区分不同无线频段中的低速和高速设备。尤其是家中拥有大量智能家居和无线设备时，三频路由器拥有更高的网络承载力，不过价格较贵，一般用户选用双频路由器即可。

最后，准备一根网线，连接路由器的WAN口和电脑的网口，即可完成设备的连接工作。

5. Wi-Fi 5 还是 Wi-Fi 6

Wi-Fi 5和Wi-Fi 6是Wi-Fi的协议，类似于移动网络的4G、5G。目前使用较为广泛的是Wi-Fi 5标准的路由器，而Wi-Fi 6路由器也推出了两三年，并覆盖高端、中端和低端三个层次。Wi-Fi 6路由器最大支持160MHz频宽，速度比Wi-Fi 5路由器快3倍，同时支持更多的设备并发，对于家庭中有多个智能终端的用户是个不错的选择。

6. 安全性

由于路由器是网络中比较关键的设备，而网络中存在各种安全隐患，因此路由器必须要有可靠性，保证线路安全。选购路由器时，安全性能是参考的重要指标之一。

7. 控制软件

路由器的控制软件是管理路由器功能的一个关键环节，对软件的安装、参数设置，以及软件的版本升级来说都是必不可少的。软件的安装、参数设置及调试越方便，用户就越容易掌握，从而能更好地应用。如今不少路由器已提供APP支持，用户可以使用手机调试和管理路由器，对初级用户非常友好。

7.2.2 重点：使用电脑配置无线网

建立无线局域网的第一步就是配置无线路由器，使用电脑配置无线网的操作步骤如下。

1. 设备的连接

在配置无线网时，首先应将准备的路由器、光纤猫及设备连接起来。

首先，确保光纤猫连接正常，将光纤猫接入电源，并将网线插入光纤猫的入网口，确保显示灯正常。

然后，准备一根1米左右长度的网线，将网线插入光纤猫的LAN口（连接局域网的接口），并将另一端插入路由器的WAN口（连接网络或宽带的接口），将路由器接入电源。如果家里配有弱电箱，预埋了网线，则需将弱电箱中的预留网线接入光纤猫，并使用一根短的网线连接预留网口（如电视背景墙后的网口）和路由器的WAN口。

最后，准备一根网线，连接路由器的WAN口和电脑的网口，即可完成设备的连接工作。

具体可参照下图进行连接。

> **提示**
>
> 如果电脑支持无线功能或使用手机配置网络，那么只需执行前两步连接工作即可，不需要再使用网线连接路由器和电脑。

2. 配置网络

网络设备及网线连接完成后，即可开始设置网络。本节以华为路由器为例进行介绍，其

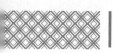

他品牌的路由器同样可以参照本节介绍的步骤进行操作。

（1）将电脑接入路由器。如果是台式电脑，已经使用网线将路由器和电脑连接，则表示已经将电脑接入路由器。如果电脑支持无线功能或使用其他无线设备，则可按照以下步骤进行连接。

第1步 确保电脑的无线网络功能开启，单击任务栏中的 🛜 按钮，在弹出的面板中单击【管理WLAN连接】按钮 ▷，如下图所示。

第2步 在弹出的网络列表中选择要接入路由器的网络，并单击【连接】按钮，如下图所示。

> **提示**
>
> 　一般新路由器或恢复出厂设置的路由器在接入电源后，无线网初始状态都是无密码的，方便用户接入并设置网络。
>
> 　另外，在无线网列表中，显示有"开放"字样的网络，表示没有密码，但请谨慎连接。显示有"安全"字样的网络，表示网络加密，需要输入密码才能访问。

第3步 待网络连接成功后，即表示电脑或无线设备已经接入路由器网络中，如下图所示。

> **提示**
>
> 　大部分新款智能路由器连接至网络后，会自动跳转至后台管理页面。

（2）配置账户和密码。步骤如下。

第1步 打开浏览器，在地址栏中输入路由器的后台管理地址"192.168.3.1"，按【Enter】键即可打开路由器的登录页面，单击【继续配置】按钮，如下图所示。

> **提示**
>
> 　不同品牌的路由器配置地址也不同，用户可以在路由器或说明书上查看配置地址。

第2步 进入设置向导页面，选择上网方式。一般路由器会根据所处的上网环境来推荐上网方式，这里选择【拨号上网】，并在下方文本框中输入宽带账号和密码，单击【下一步】按钮，如下图所示。

｜提示｜

拨号上网也称PPPoE，如常见的联通、电信、移动等都属于拨号上网。自动获取IP也称动态IP或DHCP，每连接一次网络就会自动分配一个IP地址，在设置时无须输入任何内容。如果光猫已进行拨号设置，则需选择自动获取IP方式。静态IP也称固定IP上网，服务商会给一个固定IP，设置时需输入IP地址和子网掩码。Wi-Fi中继也称无线中继模式，即无线接入点（无线AP）在网络连接中起到中继的作用，能实现信号的中继和放大，从而扩大无线网络的覆盖范围，在设置时，连接Wi-Fi网络，输入无线网密码即可。

（3）设置Wi-Fi名称和密码。

第1步 进入Wi-Fi设置页面，设置Wi-Fi名称和密码，单击【下一步】按钮，如下图所示。

｜提示｜

目前大部分路由器支持双频模式，可以同时在2.4GHz和5GHz频段工作，用户可以设置两个频段的无线网络。另外，在页面中勾选【将Wi-Fi密码作为路由器登录密码】选项，可以将Wi-Fi密码作为路由器后台管理登录密码；也可以取消勾选，重新设置独立的登录密码。

第2步 选择Wi-Fi功率模式，这里默认选择【Wi-Fi穿墙模式】，单击【下一步】按钮，如下图所示。

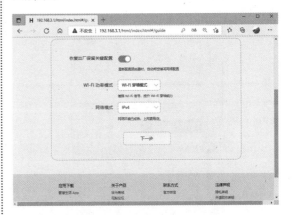

第3步 配置完成后，重启路由器即可生效，如下图所示。

至此，路由器无线网络配置完成。

7.2.3 重点：将电脑接入 Wi-Fi

网络配置完成后，即可接入 Wi-Fi 网络，测试网络是否配置成功。

笔记本电脑具有无线网络功能，但是大部分台式电脑没有无线网络功能，要想接入无线网，需要安装无线网卡，即可实现电脑无线上网。本节介绍如何将电脑接入无线网，具体操作步骤如下。

第1步 打开无线网列表，选择要连接的无线网名称，并单击【连接】按钮，如下图所示。

第2步 在弹出的【输入网络安全密钥】文本框中输入设置的无线网密码，单击【下一步】按钮，如下图所示。

第3步 此时，电脑会尝试连接该网络，并对密码进行验证，如下图所示。

第4步 待界面显示"已连接，安全"，则表示已连接成功，此时可以打开网页或软件，进行联网测试，如下图所示。

7.2.4 重点：使用手机配置无线网

除了使用电脑配置无线网外，用户还可以使用手机对无线网进行配置，具体操作步骤如下。

第1步 打开手机的WLAN功能，手机会自动扫描周围可连接的无线网，在列表中选择要连接的无线网名称，如下图所示。

第2步 由于路由器无线网初始状态没有密码，手机可以直接连接网络，待界面显示"已连接"时，则表示连接成功，如下图所示。

第3步 单击已连接的无线网名称或在浏览器中直接输入路由器配置地址"192.168.3.1"，跳转

至配置界面，点击【开始配置】按钮，如下图所示。

第4步 进入上网向导页面，根据选择的上网模式进行设置，这里自动识别为"拨号上网"，在界面中分别输入宽带账号和密码，并点击【下一步】按钮，如下图所示。

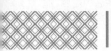

第5步 设置Wi-Fi的名称和密码，点击【下一步】按钮，如下图所示。

第6步 选择Wi-Fi的功率模式，保持默认设置即可，点击【下一步】按钮，如下图所示。

第7步 设置完成后，点击右上角的【完成】按钮，重启路由器即可使设置生效，如下图所示。

7.2.5 重点：将手机接入 Wi-Fi

无线局域网配置完成后，用户可以将手机接入Wi-Fi，实现无线上网，手机接入Wi-Fi 的操作步骤如下。

第1步 在手机中打开WLAN列表，选择要连接的无线网络，如下图所示。

第2步 在弹出的对话框中输入无线网络密码，点击【连接】按钮即可连接，如下图所示。

7.3 实战 3：管理路由器

路由器是组建无线局域网不可缺少的一个设备，尤其是在无线网络被普遍应用的情况下，路由器的安全更是不容忽视。用户可以通过修改路由器管理密码、修改Wi-Fi名称和密码、关闭路由器的无线广播功能等方式，提高无线局域网的安全性。

7.3.1 重点：修改路由器管理密码

路由器的初始密码比较简单，为了保证无线局域网的安全，一般需要修改管理密码（部分路由器也称为登录密码），具体操作步骤如下。

第1步 打开浏览器，输入路由器的后台管理地址，进入登录页面，输入当前的登录密码，并按【Enter】键，如下图所示。

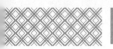

第2步 进入路由器后台管理页面，选择【更多功能】选项，如下图所示。

第3步 选择【系统设置】→【修改登录密码】选项，在右侧页面中输入当前密码，并输入要修改的新密码，单击【保存】按钮，如下图所示。

第4步 此时即可保存设置，保存后表示密码修改完成，如下图所示。

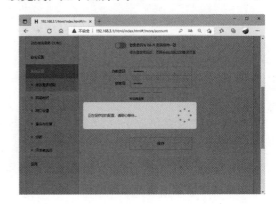

7.3.2 重点：修改 Wi-Fi 名称和密码

　　Wi-Fi名称通常是指路由器当中的SSID号，可以根据自己的需要进行修改，具体操作步骤如下。

第1步 打开路由器的后台设置页面，选择【我的Wi-Fi】选项，如下图所示。

第2步 在【Wi-Fi名称】文本框中输入新的名称，在【Wi-Fi密码】文本框中输入要设置的密码，单击【保存】按钮即可保存，如下图所示，此时路由器会重启。

> **提示**
>
> 用户也可以单独设置名称或密码。

7.3.3　防蹭网设置：关闭无线广播

路由器的无线广播功能在给用户带来方便的同时，也带来了安全隐患。因此，在不使用无线广播功能的时候，可以将路由器的无线广播功能关闭，具体操作步骤如下。

第1步 打开路由器的后台设置页面，选择【更多功能】→【Wi-Fi设置】→【Wi-Fi高级】选项，即可在右侧的页面中显示无线网络的基本设置信息。默认状态下Wi-Fi无线广播功能是开启的。【Wi-Fi隐身】功能默认关闭，也表示开启了无线广播功能，如下图所示。

第2步 将每个频段的【Wi-Fi隐身】功能设置为【开启】，单击【保存】按钮即可生效，如下图所示。

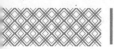

┌─ 提示 ┊┊┊┊┊┊
│
│　　部分路由器默认勾选【开启SSID广播】复选
│　框，此时取消勾选即可。
└────────────────────────

1. 使用电脑连接

　　使用电脑连接关闭无线广播的网络，具体操作步骤如下。

第1步 单击任务栏中的按钮，在弹出的无线网络列表中选择【隐藏的网络】，并单击【连接】按钮，如下图所示。

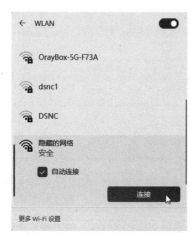

第2步 输入网络名称，并单击【下一步】按钮，如下图所示。

第3步 输入Wi-Fi密码，单击【下一步】按钮，如下图所示。

第4步 连接成功后，即可显示"已连接，安全"，如下图所示。

2. 使用手机连接

　　使用手机连接和使用电脑连接的方法基本相同，也需要输入网络名称和密码进行连接，具体操作步骤如下。

第1步 打开手机WLAN功能，在识别的无线网列表中点击【添加网络】，如下图所示。

络名称，并将【安全性】设置为"WPA/WPA2 Personal"，然后输入网络密码，点击右上角的✓按钮，即可连接，如下图所示。

| 提示 |

部分手机选项名称为【其他】。

第2步 进入【手动添加网络】界面，输入网

7.3.4 控制上网设备的上网速度

在无线局域网中所有的终端设备都是通过路由器上网的，为了更好地管理各个终端设备的上网情况，管理员可以通过路由器控制上网设备的上网速度，具体操作步骤如下。

第1步 打开路由器的后台设置页面，选择【终端管理】选项，在要控制上网速度的设备后方，将【网络限速】设置为"开"，如下图所示。

第2步 单击【编辑】按钮☑，在限速调整框中输入限速数值，按【Enter】键，如下图所示。

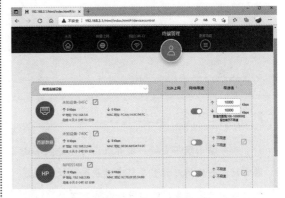

第3步 设置完成后，即可看到限速的情况，如下图所示。

如果要关闭限速，则将【网络限速】开关设置为"关"即可。

7.3.5 升级路由器的软件版本

定期升级路由器的软件版本，既可以修补当前版本中存在的BUG，也可以提高路由器的使用性能。下面以网页版登录后台管理为例，介绍具体操作步骤。

第1步 进入路由器后台管理页面，在【升级管理】页面中可以看到升级信息，单击【一键升级】按钮，如下图所示。

提示

部分路由器不支持一键升级，可以进入路由器官网，查找对应的型号，下载最新的软件版本到电脑的本地位置，然后进行本地升级。

第2步 此时路由器即可自动升级，如下图所示。

第3步 在线下载新版本软件后即可安装，如下图所示。此时切勿拔掉电源，等待升级即可。

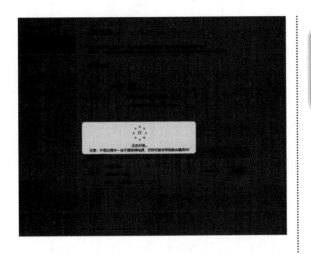

| 提示 |

如果使用的路由器支持手机APP管理，也可以在手机端进行管理或升级，操作思路一致，这里不再赘述。

举一
反三

电脑和手机之间的网络共享

随着网络以及手机上网的普及，电脑和手机的网络是可以相互共享的，这在一定程度上为用户使用网络带来了便利。如果电脑不在有线网络环境中，且支持无线网络功能，则可以利用手机的"个人热点"功能，为电脑提供网络。另外，Windows 11操作系统支持电脑提供Wi-Fi热点功能，可供其他无线设备接入热点。

1. 将手机设置为移动热点

下面以安卓手机为例，介绍电脑通过"个人热点"功能使用手机网络上网的具体操作步骤。

第1步 打开手机的设置界面，点击【个人热点】选项，如下图所示。

第2步 将【便携式WLAN热点】功能开启，并点击【设置WLAN热点】选项，如下图所示。

第3步 设置WLAN热点，可以设置网络名称、安全性、密码及AP频段等，设置完成后，点击✓按钮，如下图所示。

第6步 输入网络密码，并单击【下一步】按钮，如下图所示。

第4步 单击任务栏中的 🌐 按钮，在弹出的面板中单击【管理WLAN连接】按钮 ▷，如下图所示。

第7步 连接成功后，界面显示"已连接，安全"，如下图所示。

第5步 在弹出的网络列表中，会显示电脑自动搜索的无线网络，此时可以看到手机的无线网络名称"wlan1"，选择该网络并单击【连接】按钮，如下图所示。

如果电脑没有无线网络功能，则可以通过

USB共享网络的方式，让电脑使用手机网络上网，具体操作步骤如下。

使用数据线将手机与电脑连接，进入【设置】→【个人热点】界面，将【USB网络共享】功能打开，即可完成设置，如下图所示。

2. 将电脑设置为移动热点

电脑端设置移动热点的具体步骤如下。

第1步 按【Windows+I】组合键打开【设置】面板，选择【网络 & Internet】→【移动热点】选项，如下图所示。

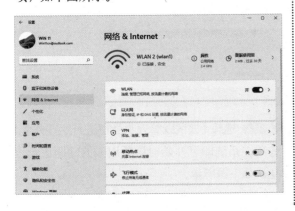

第2步 在【属性】区域单击【编辑】按钮，如下图所示。

第3步 弹出【编辑网络信息】对话框，设置网络名称和连接密码，然后单击【保存】按钮。

> **编辑网络信息**
>
> 更改他人在使用你共享的连接时的网络名称和密码。
>
> 网络名称
>
> pcwifi
>
> 网络密码(至少 8 个字符)
>
> abc12345 ✕
>
> | 保存 | 取消 |

第4步 将【移动热点】的开关设置为"开"，即可完成设置，如下图所示。

此时其他设备即可搜索设置的移动热点，并连接网络，这里不再赘述。

◇ 诊断和修复网络不通问题

当电脑不能正常上网时，说明电脑与网络连接不通，这时就需要诊断和修复网络，具体操作步骤如下。

第1步 按【Windows+S】组合键打开搜索框，并输入"查看网络连接"，在显示的搜索结果中，选择【打开】选项，如下图所示。

第2步 打开【网络连接】窗口，右击需要诊断的网络，在弹出的快捷菜单中选择【诊断】选项，如下图所示。

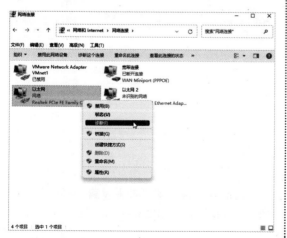

第3步 此时界面会弹出【Windows网络诊断】窗口，并显示网络诊断的进度，如下图所示。

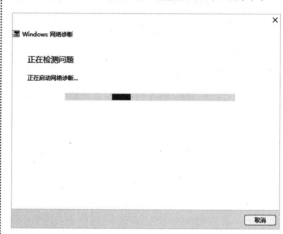

第4步 诊断完成后，窗口中会显示诊断的结果，如下图所示。

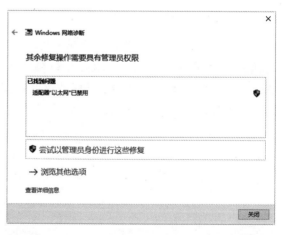

第5步 选择【尝试以管理员身份进行这些修复】选项，系统即可开始对诊断出来的问题进行修复，如下图所示。

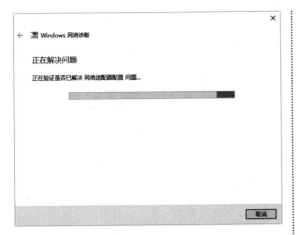

第6步 修复完成后，界面会显示修复的结果，提示用户疑难解答已完成，并在下方显示已修复的信息提示，如下图所示。

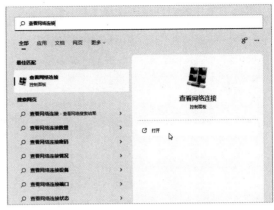

第2步 打开【网络连接】窗口，右击当前连接的 Wi-Fi 无线网卡图标，在弹出的快捷菜单中选择【状态】选项，如下图所示。

第3步 在弹出的【WLAN状态】对话框中，单击【无线属性】按钮，如下图所示。

◇ 如何查看电脑已连接的 Wi-Fi 密码

如果忘记了自己设置的Wi-Fi密码或需连接别人的Wi-Fi，那么可在电脑端使用以下方法查看无线网的连接密码。

第1步 按【Windows+S】组合键打开搜索框，并输入"查看网络连接"，在显示的搜索结果中选择【打开】选项，如下图所示。

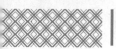
第4步 在弹出的对话框中选择【安全】选项卡，勾选【显示字符】复选框，其中【网络安全密钥】右侧显示的字符即为Wi-Fi密码，如下图所示。

第8章

走进网络——
开启网络之旅

📖 本章导读

近年来，计算机网络技术取得了飞速的发展，正改变着人们学习和工作的方式。在网上查看信息、下载需要的资源、网上购物、聊天交流等都是用户上网时经常进行的活动。

✈ 思维导图

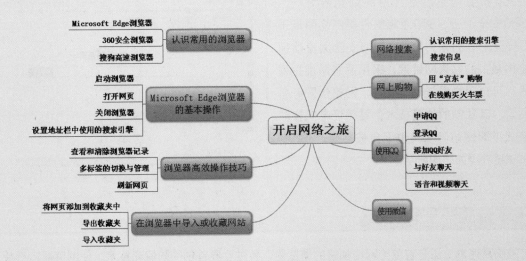

8.1 认识常用的浏览器

浏览器是指可以显示网页服务器或文件系统的HTML文件内容，并让用户与这些文件交互的一种软件，一台电脑只有安装了浏览器软件，才能在网页上浏览信息。本节介绍几种常用的浏览器。

8.1.1 Microsoft Edge 浏览器

Microsoft Edge浏览器是Windows 11操作系统内置的浏览器，支持内置Cortana语音功能，内置阅读器、笔记和分享功能，设计注重实用，追求极简，下图所示为Microsoft Edge浏览器的界面。

8.1.2 360 安全浏览器

360安全浏览器是常用的浏览器之一，与360安全卫士、360杀毒软件等产品同属于360安全中心的系列产品。360安全浏览器拥有全国最大的恶意网址库，采用恶意网址拦截技术，可自动拦截挂马、欺诈、网银仿冒等恶意网址。其独创的沙箱技术，可保证电脑在隔离模式下即使访问木马也不会被感染，360安全浏览器界面如下图所示。

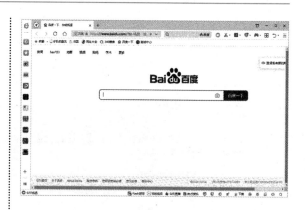

8.1.3 搜狗高速浏览器

搜狗高速浏览器是首款给网络加速的浏览器，通过业界首创的防假死技术，使浏览器运行快速流畅，拥有自动网络收藏夹，具有独立播放网页视频、Flash游戏提取操作等多项特色功能，并且兼顾大部分用户的使用习惯，支持多标签浏览、鼠标手势、隐私保护、广告过滤等主流功能。搜狗高速浏览器界面如下图所示。

8.2 实战 1：Microsoft Edge 浏览器的基本操作

通过Microsoft Edge浏览器可以浏览网页，还可以根据自己的需要设置其他功能。本节主要讲述Microsoft Edge浏览器的基本操作，下面的方法基本适用于各类主流浏览器。

8.2.1 重点：启动浏览器

启动Microsoft Edge浏览器通常使用以下 3 种方法之一。

（1）双击桌面上的 Microsoft Edge快捷方式图标，如下图所示。

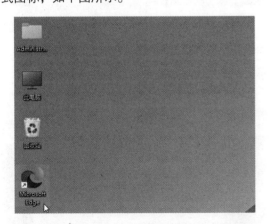

（2）单击快速启动栏中的Microsoft Edge图标，如下图所示。

（3）单击【开始】按钮，打开"开始"菜单，单击"已固定"区域的【Microsoft Edge】图标，如下图所示。

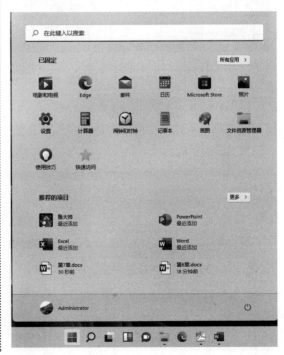

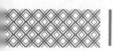

通过上述 3 种方法之一打开 Microsoft Edge 浏览器，默认情况下，Microsoft Edge 启动后会打开用户设置的首页，它是用户进入 Internet 的起点。如下图所示，用户设置的首页为百度搜索页面。

如果知道要访问的网页的网址（URL），直接在 Microsoft Edge 浏览器地址栏中输入该网址，按【Enter】键，即可打开该网页。如下图所示，在地址栏中输入北京大学出版社的网址，按【Enter】键，即可进入该网站的首页。

如果要打开多个网页，单击【新建标签页】按钮＋，即可新建一个标签页，用户可以在该标签页上进入新的网址。

另外，按【Ctrl+N】组合键也可打开一个【新建标签页】窗口，用户可以输入网址及信息。

如果要进行多窗口浏览，将当前窗口上的标签向下拖曳，即可得到一个独立的窗口展示，如下图所示。

| 提示 |

同样，也可以将某个独立窗口上的标签拖曳至另一个浏览器窗口，进行窗口合并。

8.2.3 重点：关闭浏览器

当用户浏览网页结束后，就需要关闭Microsoft Edge浏览器。同大多数Windows应用程序一样，关闭Microsoft Edge浏览器通常采用以下3种方法。

（1）单击【Microsoft Edge浏览器】窗口右上角的【关闭】按钮。

（2）按【Alt+F4】组合键。

（3）右击Microsoft Edge浏览器的标题栏，在弹出的快捷菜单中选择【关闭】选项。

为了方便起见，一般采用第一种方法来关闭Microsoft Edge浏览器，如下图所示。

如果浏览器打开了多个网页，则可在标签页上单击【关闭】按钮或按【Ctrl+W】组合键逐个关闭网页。

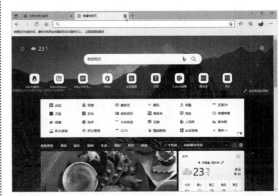

8.2.4 重点：设置地址栏中使用的搜索引擎

浏览器地址栏中的搜索引擎可以方便用户直接搜索需要的内容。在地址栏中输入要搜索的关键词，即可使用搜索引擎进行搜索，大大提高了操作效率。常见的搜索引擎有多种，用户可以根据使用习惯进行设置，具体操作步骤如下。

第1步 打开电脑中的Microsoft Edge浏览器，单击窗口右侧的【设置及其他】按钮 ，在弹出的菜单中选择【设置】选项，如下图所示。

第2步 进入【设置】页面，选择【隐私、搜索和

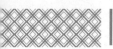

服务】→【服务】→【地址栏和搜索】选项，如下图所示。

第3步 进入下图所示页面，单击【在地址栏中使用的搜索引擎】右侧的下拉按钮，可以选择要设置的默认搜索引擎。

第4步 浏览器默认可设置5个搜索引擎，如果要添加其他搜索引擎，选择【管理搜索引擎】选项，进入下方页面，单击【添加】按钮进行添加即可，如下图所示。

8.3 实战 2：浏览器高效操作技巧

在学习了Microsoft Edge浏览器的基本操作技巧后，下面以Microsoft Edge浏览器为例，介绍浏览器的高效操作技巧。此方法适用于主流浏览器，读者掌握后可以提高浏览器的操作效率。

8.3.1 重点：查看和清除浏览记录

正常情况下，使用浏览器会留下历史记录，用户可以通过历史记录，快速访问之前浏览的网页页面。如果不希望其他人看到浏览记录，也可以将某条记录删除或全部删除。本小节将介绍查看和清除浏览记录的方法，具体操作步骤如下。

第1步 打开Microsoft Edge浏览器，单击窗口右侧的【设置及其他】按钮⋯，在弹出的菜单中选择【历史记录】选项，如下图所示。

| 提示 |

在浏览器中，查看历史记录的快捷键为
【Ctrl+H】。

第2步 此时即会弹出【历史记录】窗格，其中
显示了不同日期的浏览记录，如下图所示。用
户单击任意一条记录，即可快速进入该网页
页面。

| 提示 |

如果历史记录较多，可单击窗格右上角的
【搜索】按钮，输入关键词，搜索要查看的历
史记录。

第3步 如果要删除某条历史记录，将鼠标光标
移至该条记录上，即会显示【删除】按钮，单
击该按钮，即可将其删除，如下图所示。

第4步 如何要删除某个日期下的所有记录，将
鼠标光标移至该日期上，单击显示的【删除】按
钮，即可将该日期下的所有历史记录删除，
如下图所示。

第5步 如果要删除所有历史记录，可单击窗格
右上角的【更多选项】按钮，在弹出的下拉
菜单中选择【清除浏览数据】选项，如下图所示。

第6步 弹出【清除浏览数据】对话框后，设置
【时间范围】，并单击【立即清除】按钮，即可将
历史记录删除，如下图所示。

第7步 另外，用户也可以在浏览器的【设置】页面选择【隐私、搜索和服务】→【关闭时清除浏览数据】选项，进入下图页面，设置每次关

闭浏览器时要清除的内容，这样就不会产生相应的记录，如下图所示。

8.3.2 重点：多标签的切换与管理

用户在使用浏览器时，经常需要同时打开多个网页，各网页标签页之间的切换与管理也是需要技巧的，本小节将介绍多网页之间的切换与管理。

第1步 在浏览器窗口中打开多个网页，如下图所示。

第2步 如果要切换网页，单击目标标签页即可完成切换，如下图所示。

| 提示 |

另外，也可以按【Ctrl+Tab】组合键进行快速切换，这样效率更高。

第3步 单击左上角的【Tab操作菜单】按钮，在弹出的菜单中选择【打开垂直标签页】选项，如下图所示。

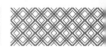

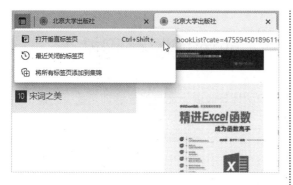

垂直标签可帮助用户从屏幕一侧快速识别、切换和管理标签。

第4步 此时界面则会以垂直的方式显示标签页，用户可以像选择菜单一样切换，如下图所示。

8.3.3 重点：刷新网页

在网络正常的情况下，使用网页查找资料、浏览信息，有时会遇到网页卡顿，甚至页面只出现一半，其余为空白，一直在加载中的情况，这时我们可以刷新网页，使其正常显示。

第1步 从下图中可以看到标签页一直显示"正在加载"图标 ，此时可以按【F5】或【Ctrl+R】组合键执行【刷新】命令。

第2步 此时网页即会重新加载，直至显示正常。用户也可以根据情况执行多次【刷新】命令，如下图所示。

用户也可以单击浏览器中的【刷新】按钮 进行刷新。

另外，如果对于一些更新比较快的网页，如页面上的浏览数据、投票数据等，使用【刷新】命令不能达到很好的效果。此时可以执行【强制刷新】命令，按【Ctrl+F5】组合键即会重新从服务器下载更新的网页数据，使其正常显示。【Ctrl+F5】组合键与【F5】键的刷新有所区别，【F5】键是刷新加载到本地的数据，【Ctrl+F5】组合键的强制刷新是访问的网址或服务器重新下载数据。

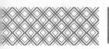
 8.4 实战 3：在浏览器中导入或添加收藏网站

在使用浏览器时，用户可以将喜爱或经常访问的网站地址收藏，如果能好好利用这一功能，将会使网上冲浪更加轻松惬意。

8.4.1 将网页添加到收藏夹中

将网页添加到收藏夹的具体操作步骤如下。

第1步 打开一个需要将其添加到收藏夹的网页，如百度首页，如下图所示。

第2步 单击页面中的【将此页面添加到收藏夹】按钮☆或按【Ctrl+D】组合键，如下图所示。

第3步 在弹出的【编辑收藏夹】对话框中单击【更多】按钮，如下图所示。

> **| 提示 |**
>
> 如果不需要新建文件夹，可以在文件夹右侧的下拉按钮 ∨ 中选择保存的位置，然后单击【完成】按钮。

第4步 选择【收藏夹栏】，单击【新建文件夹】按钮，如下图所示。

第5步 此时即可新建一个子文件夹，为其命名，按【Enter】键确认。

第6步 此时，在【名称】文本框中可以设置收藏网页的名称，选择收藏的文件夹，单击【保存】按钮，即可完成收藏，如下图所示。

第7步 单击【收藏夹】按钮即可打开收藏夹栏，展开下方的文件夹，可以看到收藏的网址信息，单击即可访问，如下图所示。

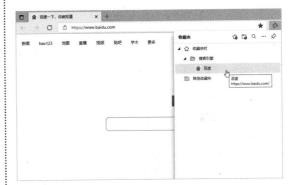

8.4.2 导出收藏夹

如果更换电脑或将收藏夹分享给他人，可以将收藏的网址导出到电脑中，以方便进行管理和使用，具体操作步骤如下。

第1步 单击【收藏夹】按钮，打开收藏夹栏，然后单击【更多选项】按钮，在弹出的菜单中选择【导出收藏夹】选项，如下图所示。

第2步 弹出【另存为】对话框后，选择要保存的位置，并设置文件名，单击【保存】按钮即可将其导出，如下图所示。

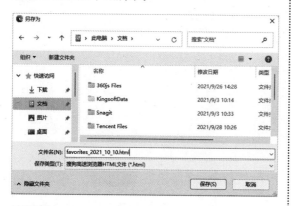

第3步 打开保存的收藏书签，即可看到保存的文件，如下图所示。

第4步 双击该文件，可以打开浏览器，如下图所示。

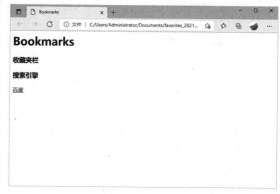

8.4.3 导入收藏夹

如果电脑中使用了搜狗、360等其他浏览器，可以将这些浏览器中的收藏夹导入Microsoft Edge中，具体操作步骤如下。

第1步 单击【收藏夹】按钮，打开收藏夹栏，然后单击【更多选项】按钮，在弹出的菜单中选择【导入收藏夹】选项，如下图所示。

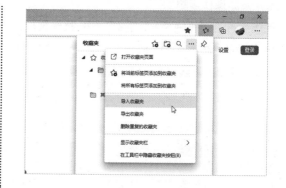

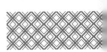

第2步 弹出【导入浏览器数据】对话框后，单击【导入位置】下方的下拉按钮，在列表中选择【收藏夹或书签HTML文件】选项，如下图所示。

第3步 单击【选择文件】按钮，如下图所示。

第4步 弹出【打开】对话框后，选择要导入的书签文件，并单击【打开】按钮，如下图所示。

第5步 界面弹出【全部完成！】提示框，表示导入完成，单击【完成】按钮，如下图所示。

全部完成！

我们已恢复你的数据。

完成

第6步 此时打开收藏夹列表即可看到导入的链接信息，此时用户可以根据需求，通过新建文件夹或拖曳网址到目标文件夹，对网址进行分类整理，如下图所示。

 8.5 实战4：网络搜索

搜索引擎是指根据一定的策略、运用特定的计算机程序搜集互联网上的信息，对信息进行组织和处理后，将处理过的信息显示给用户的一种系统。简单来说，搜索引擎就是一个为用户提供检索服务的系统。

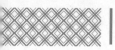

8.5.1 认识常用的搜索引擎

目前网络中常见的搜索引擎有很多种，如比较常用的百度搜索、搜狗搜索、360搜索等，下面分别进行介绍。

1. 百度搜索

百度是最大的中文搜索引擎，在百度网站中可以搜索页面、图片、新闻、音乐、百科知识、专业文档等内容。在Microsoft Edge浏览器中，默认的搜索引擎就是百度搜索，如下图所示。

2. 搜狗搜索

搜狗搜索是全球首个第三代互动式中文搜索引擎，是中国第二大搜索引擎，其凭借独有的SogouRank技术及人工智能算法，为用户提供更快、更准、更全面的搜索资源。下图所示为搜狗搜索引擎的首页。

3. 360搜索

360搜索是360推出的一款搜索引擎，主打"安全、精准、可信赖"，包括资讯、视频、图片、地图、百科、文库等内容的搜索，通过互联网信息的及时获取和主动呈现，为广大用户提供实用和便利的搜索服务，其界面如下图所示。

8.5.2 重点：搜索信息

使用搜索引擎可以搜索很多信息，如网页、图片、音乐、百科、文库等，用户遇到的问题几乎都可以使用搜索引擎进行搜索。下面以百度搜索为例进行介绍。

1. 搜索网页

搜索网页可以说是百度搜索引擎最基本的功能，在百度中搜索网页的具体操作步骤如下。

第1步 打开Microsoft Edge浏览器，在地址栏

中输入想要搜索的网页的关键字，如输入"蜜蜂"，按【Enter】键确认，如下图所示。

第2步 此时即可进入【蜜蜂_百度搜索】页面，如下图所示。

第3步 单击需要查看的网页，这里单击【蜜蜂-百度百科】超链接，即可打开【蜂蜜_百度百科】页面，在其中可以查看有关"蜜蜂"的详细信息，如下图所示。

2. 搜索图片

使用百度搜索引擎搜索图片的具体操作步骤如下。

第1步 打开百度首页，将鼠标指针放置在【更

多】超链接上，在弹出的下拉列表中选择【图片】选项，如下图所示。

第2步 进入百度图片搜索页面，在搜索文本框中输入需要搜索的图片的关键字，如输入"玫瑰"，单击【百度一下】按钮或按【Enter】键，如下图所示。

第3步 此时即可进入有关"玫瑰"的图片搜索结果页面，在页面中单击任意一张图片，如下图所示。

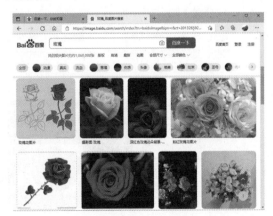

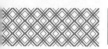

第4步 此时即可以大图的形式显示该图片，如下图所示。

8.6 实战5：网上购物

网购平台就是提供网络购物的网站，用户足不出户即可购买到需要的商品。此外，用户也可以在网上购买火车票、电影票等，网上购物为生活带来了极大便利。

本节主要介绍如何通过电脑进行网上购物。

8.6.1 重点：用"京东"购物

京东商城是一个综合的网上购物商城，其家电、电子产品种类丰富，且配送速度快，深受用户喜爱。本小节介绍如何在京东商城购买手机。具体操作步骤如下。

第1步 启动浏览器，在地址栏中输入京东商城的网址，打开京东商城首页，单击页面顶部的【你好，请登录】超链接，如下图所示。

第2步 进入"欢迎登录"页面，输入用户名和密码，单击【登录】按钮，如下图所示。

第3步 此时即可以会员的身份登录京东商城，如下图所示。

第4步 在京东商城的搜索框中输入想要购买的商品，这里以购买一部华为手机为例进行讲解。在搜索框中输入"华为P50 Pro"，单击【搜索】按钮，如下图所示。

第5步 此时即可搜索出相关的商品信息，单击要购买的商品图片，如下图所示。

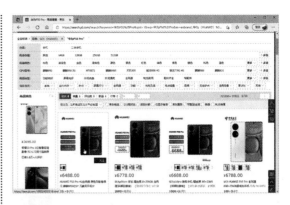

第6步 进入商品的详细信息界面，可以查看相关的购买信息，以及商品的相关说明信息，如商品颜色、版本及内存等，选择完成后单击【加入购物车】按钮，如下图所示。

第7步 此时即可将自己喜欢的商品放置到购物车中，用户可以去购物车中进行结算，也可以继续在网站中选购其他的商品。单击【去购物车结算】按钮，如下图所示。

第8步 此时即可进入商品结算页面，其中显示了商品的单价、购买的数量等信息。勾选要购

买的商品左侧的复选框，并单击【去结算】按钮，如下图所示。

第9步 进入订单结算页，设置收货人信息、支付方式等，然后单击【提交订单】按钮，如下图所示。

第10步 进入【收银台】页面，选择付款方式，单击【立即支付】按钮，根据提示输入支付密码，即可完成购买，如下图所示。

8.6.2 重点：在线购买火车票

提前在网上购买火车票，可以减少排队购票的时间，也可以避免一些意外情况的发生。本小节介绍如何在网上购买火车票。

第1步 在浏览器地址栏中输入中国铁路 12306 的网址，按【Enter】键进入该网站。在首页选择【出发地】【到达地】和【出发日期】等信息，然后单击【查询】按钮，如下图所示。

第2步 此时即可搜索到相关的车次信息。根据【车次类型】【出发车站】及【发车时间】等进行

筛选选择要购买的车次后，单击【预订】按钮，如下图所示。

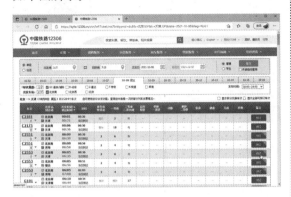

第3步 在弹出的登录对话框中输入用户名和密码，单击【立即登录】按钮，如下图所示。

提示

如果没有该网站账号，可单击【注册12306账号】超链接，注册账号。

第4步 弹出【选择验证方式】对话框后，可以通过滑块或短信进行验证，如下图所示。

第5步 验证成功后，选择乘客信息和席别，然后单击【提交订单】按钮，如下图所示。

提示

如果要添加新联系人（乘车人），可选择顶部的【我的12306】→【联系人】选项，添加和管理常用联系人。

第6步 弹出【请核对以下信息】对话框后，选择座位，确认车次信息无误后，单击【确认】按钮，如下图所示。

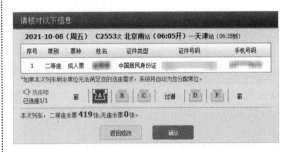

第7步 进入订单信息页面，即可看到车厢和座位信息。确定无误后，单击【网上支付】按钮，如下图所示。

第8步 选择支付方式进行支付，等待出票即可，如下图所示。

8.7 实战6：使用QQ

QQ是一款即时聊天软件，支持显示好友在线信息、即时传送信息、即时交谈、即时传输文件等功能。另外，QQ还具有发送离线文件、共享文件、QQ邮箱、游戏等功能。

8.7.1 申请QQ号

使用QQ进行聊天，首先需要安装并申请QQ号，下面具体介绍申请QQ号的操作步骤。

第1步 双击桌面上的QQ快捷图标，即可打开QQ登录窗口，单击【注册账号】超链接，如下图所示。

第2步 此时即可打开【QQ注册】网页，在其中输入注册账号的昵称、密码、手机号码信息，并单击【发送短信验证码】按钮，如下图所示。

第3步 弹出下图所示的对话框后，拖动滑块完成拼图进行验证。

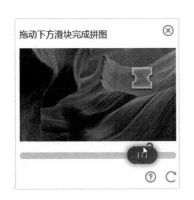

第4步 将手机收到的短信验证码输入【短信验证码】文本框中，并单击【立即注册】按钮，如下图所示。

第5步 注册成功后，用户即会获得QQ号，如下图所示。

8.7.2　登录 QQ

　　QQ号申请成功后，用户即可登录自己的QQ。具体操作步骤如下。

第1步 返回QQ登录窗口，输入申请的QQ号和密码，单击【登录】按钮，如下图所示。

第2步 登录成功后即可打开QQ的主界面，如下图所示。

8.7.3 添加 QQ 好友

使用QQ与朋友聊天，首先需要添加对方为QQ好友。添加 QQ 好友的操作步骤如下。

第1步 在QQ的主界面中单击底部的【加好友/群】按钮，如下图所示。

第2步 打开【查找】对话框，在【查找】对话框上方的文本框中输入QQ号或昵称，如下图所示。

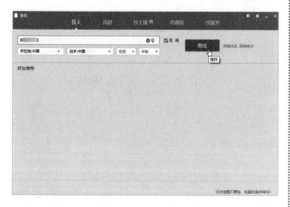

第3步 此时即可在下方显示查找到的相关用户，单击【加好友】按钮，如下图所示。

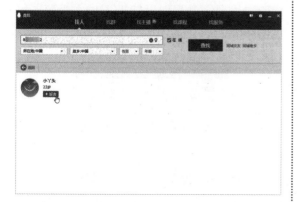

第4步 弹出【添加好友】对话框，在其中输入验证信息，单击【下一步】按钮，如下图所示。

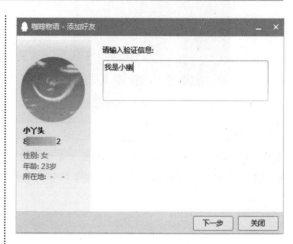

第5步 设置好友备注姓名和分组，单击【下一步】按钮，如下图所示。

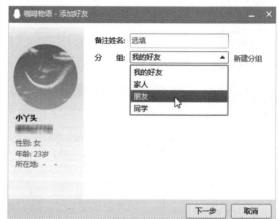

第6步 好友申请信息已成功发送给对方，单击【完成】按钮，关闭【添加好友】对话框，如下图所示。

示已同意，如下图所示。

第7步 当把添加好友的信息发送给对方后，对方的QQ账号下方会弹出验证消息的相关提示信息，如下图所示。

第8步 对方单击【同意】按钮，弹出【添加】对话框，在其中输入备注姓名并选择分组，如下图所示。

第10步 这时QQ会自动弹出用户与对方的会话窗口，如下图所示。

第9步 对方单击【确定】按钮，即可完成好友的添加操作，这时用户【验证消息】对话框中显

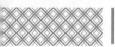
8.7.4 与好友聊天

收发消息是QQ最常用和最重要的功能，给好友发送文字消息的具体操作步骤如下。

第1步 在QQ主界面上选择想要聊天的好友，右击并在弹出的快捷菜单中选择【发送即时消息】选项，也可以直接双击，如下图所示。

第2步 弹出与好友的会话窗口后，在会话框中输入文字，单击【发送】按钮，即可将文字消息发送给对方，如下图所示。

第3步 在会话窗口中单击【选择表情】按钮，弹出系统默认表情库，如下图所示。

第4步 选择需要发送的表情，如"睡"表情，如下图所示。

第5步 单击【发送】按钮，即可发送表情，如下图所示。

第6步 用户不仅可以使用系统自带的表情，还可以添加自定义表情。单击【表情设置】按钮，在弹出的下拉列表中选择【添加表情】选项，如下图所示。

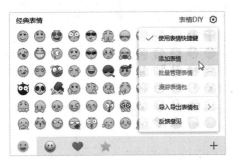

第7步 弹出【打开】对话框，选择自定义的图片，如下图所示。

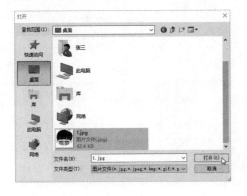

第8步 单击【打开】按钮，打开【添加自定义表情】对话框，在其中选择自定义表情存放的分组，这里选择【我的收藏】选项，单击【确定】按钮，如下图所示。

第9步 关闭【添加自定义表情】对话框，返回会话窗口中，单击【选择表情】按钮，在弹出的表情面板中可以查看添加的自定义表情，如下图所示。

第10步 单击想要发送给好友的表情，然后单击【发送】按钮，即可将该表情发送给好友，如下图所示。

8.7.5 语音和视频聊天

用户使用QQ不仅可以通过手动输入文字和图像的方式与好友进行交流，还可通过语音和视频进行沟通。

使用QQ进行语音和视频聊天的具体操作步骤如下。

第1步 打开与好友的会话窗口，在会话窗口中单击【发起语音通话】按钮，如下图所示。

第2步 此时即可向对方发送语音聊天邀请，如果对方同意语音聊天，系统会提示已经和对方建立了连接，此时可以调节麦克风和扬声器的音量大小，进行通话。如果要结束语音聊天，则单击【挂断】按钮，即可结束语音聊天，如下图所示。

第3步 在会话窗口中单击【发起视频通话】按钮 ，即可向对方发送视频通话邀请，如下图所示。

第4步 如果对方同意视频通话，系统会提示已经和对方建立了连接并显示对方的头像。如果电脑没有安装摄像头，则不会显示任何信息，但可以语音聊天，也可以发送特效、表情及文字等，如下图所示。如果要结束视频，单击【挂断】按钮即可结束视频通话。

8.8 实战 7：使用微信

微信是一款移动通信聊天软件，目前主要应用在智能手机上，支持发送语音消息、视频、图片和文字等，可以进行群聊。微信除了手机客户端外，还有电脑客户端。

微信电脑版和网页版功能基本相同，一个是在客户端中登录，另一个是在网页浏览器中登录，下面介绍微信电脑版的登录方法。

第1步 打开电脑的微信客户端，弹出登录窗口，显示二维码验证界面，如下图所示。

第2步 在手机微信中点击加号按钮➕，在弹出的菜单中选择【扫一扫】选项，如下图所示。

第3步 扫描微信登录窗口中的二维码，弹出页面，提示用户在手机上确认登录，点击手机界面上的【登录】按钮，如下图所示。

第4步 验证通过后，微信电脑版即可进入微信主界面，如下图所示。

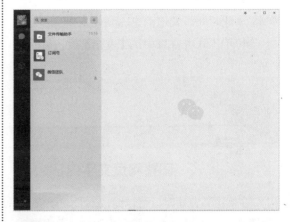

第5步 单击【通讯录】按钮，进入通讯录界面，选择要联系的好友，并在右侧好友信息窗口中单击【发消息】按钮，如下图所示。

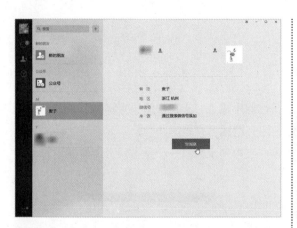

第6步 进入聊天窗口后，在文本框中输入要发送的消息，单击【发送】按钮或按【Enter】键，如下图所示。

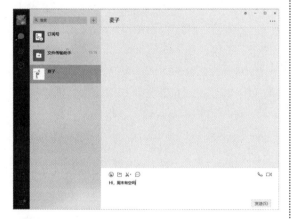

第7步 此时即可发送消息，与好友聊天了。另外，也可以单击窗口中的【表情】按钮发送表

情，还可以发送文件、截图等，其用法与QQ相似，如下图所示。

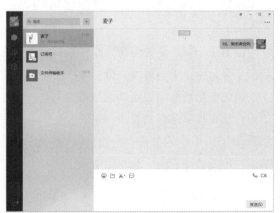

第8步 如果要退出微信，在任务栏中右击【微信】图标，在弹出的菜单中选择【退出微信】选项即可，如下图所示。

◇ 调整网页文字内容大小

在使用浏览器时，可以缩放网页，以满足用户的阅读需求。

第1步 缩小网页。在浏览器界面中，按住【Ctrl】键，然后向下滚动鼠标滚轮，即可缩小页面。将页面调整到合适的大小后，松开鼠标滚轮和【Ctrl】键即可，如下图所示。

第2步 放大网页。按住【Ctrl】键，然后向上滚动鼠标滚轮，即可放大页面。将页面调整到合适的大小后，松开鼠标滚轮和【Ctrl】键即可，如下图所示。

| 提示 |

另外，也可以按【Ctrl+-】组合键缩小页面，按【Ctrl++】组合键放大页面。

第3步 恢复默认大小。缩小或放大页面后，如果要恢复默认大小，则可按【Ctrl+0】组合键，如下图所示。

◇ 一键锁定 QQ，保护隐私

用户离开电脑时，如果担心别人看到自己的QQ聊天消息，除了退出QQ外，还可以将其锁定，防止别人翻看QQ聊天记录，下面介绍锁定QQ的操作方法。

第1步 打开QQ界面，按【Ctrl+Alt+L】组合键，弹出提示框，这时可以选择锁定QQ的方式。可以选择"使用QQ密码解锁QQ锁"，也可以选择"使用独立密码解锁QQ锁"，这里选择"使用QQ密码解锁QQ锁"，单击【确定】按钮，即可锁定QQ，如下图所示。

第2步 QQ在锁定状态下，将不会弹出新消息。用户单击【解锁】图标或按【Ctrl+Alt+L】组合键进行解锁，在密码框中输入解锁密码，按【Enter】键即可解锁，如下图所示。

第 9 章

影音娱乐——
多媒体和网络游戏

📖 本章导读

　　网络将人们带进了一个更为广阔的影音娱乐世界，丰富的网上资源给网络增加了无穷的魅力。无论是谁，都可以在网络中找到自己喜欢的音乐、电影和网络游戏，并能充分体验音频与视频带来的听觉、视觉上的享受。

⭕ 思维导图

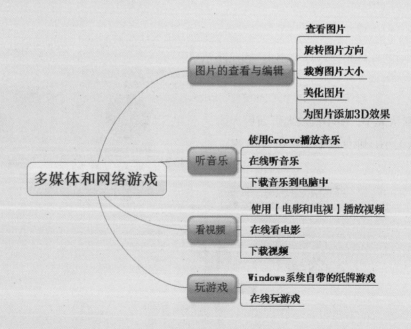

9.1 图片的查看与编辑

Windows 11操作系统自带的照片应用给用户带来了全新的数码体验，该软件提供了高效的图片管理、编辑、查看等功能。

9.1.1 重点：查看图片

使用【照片】应用查看图片的操作步骤如下。

第1步 打开图片所在的文件夹，即可以缩略图的形式展示图片，如下图所示。

第2步 如果要查看某张图片，双击要查看的图片，即可打开【照片】应用查看图片。单击窗口中的缩略图或单击图片中的【下一个】按钮可以切换图片，如下图所示。

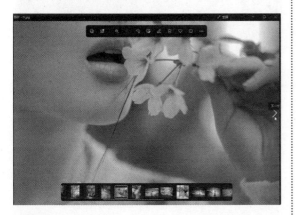

第3步 按【F5】键即可以全屏幻灯片的形式查看图片，图片上无任何按钮遮挡，可自动切换并播放该文件夹内的图片，如下图所示，按【Esc】或【F5】键即可退出全屏浏览。

第4步 单击【放大】按钮，可以放大显示图片，每次单击都可以调整图片大小，如下图所示。

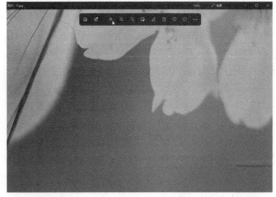

> **提示**
>
> 向上或向下滚动鼠标滚轮，或者双击鼠标左键，可以放大或缩小图片。按【Ctrl+0】组合键，可以将图片调整为适应窗口大小的比例。

9.1.2 重点：旋转图片方向

在查看图片时，如果发现图片方向颠倒，可以通过旋转图片纠正图片的方向。

第1步 打开要旋转的图片，单击【旋转】按钮⟳或按【Ctrl+R】组合键，如下图所示。

第2步 此时图片即会逆时针旋转90°，再次单击则再次旋转，直至旋转为合适的方向，如下图所示。

9.1.3 重点：裁剪图片大小

在编辑图片时，为了突出图片的主体，可以对多余的部分进行裁剪，以达到更好的效果。

第1步 打开要裁剪的图片，单击【编辑图像】按钮🖼️，或直接按【Ctrl+E】组合键，如下图所示。

第3步 将鼠标指针移至定界框的控制点上，单击并拖动鼠标调整定界框的大小，如下图所示。

第2步 图片进入编辑模式，可以看到图片上的4个控制点，如下图所示。

换原有图片为编辑后的图片。单击【保存副本】
按钮，则另存为一张新图片，原图片继续保留。
这里单击【保存副本】按钮，如下图所示。

第4步 也可以单击【纵横比】按钮，选择要调
整的纵横比，在左侧预览窗口中即可显示效果，
如下图所示。

第6步 此时即可生成一张新图片，其文件名会
发生变化，并进入图片预览模式，如下图所示。

第5步 尺寸调整完毕后，单击【更多选项】按
钮 ，在弹出的菜单中单击【保存】按钮，将替

9.1.4 重点：美化图片

　　除了基本编辑外，使用【照片】应用还可以增强图片的效果和调整图片的色彩等。
第1步 打开要美化的图片，单击【编辑图像】按钮 ，或直接按【Ctrl+E】组合键，如下图所示。

第2步 图片进入编辑模式，单击【滤镜】按钮，进入下图所示界面。

第3步 在窗口右侧的滤镜列表中选择要应用的

滤镜效果，单击即可进行预览，如下图所示。

第4步 单击【调整】按钮，可以调整图片的光线、颜色、清晰度及晕影等，调整完成后，单击【保存副本】按钮即可，如下图所示。

9.1.5 为图片添加 3D 效果

除了一些简单的编辑和美化外，【照片】应用还增加了创建 3D 效果的功能。

第1步 打开要编辑的图片，单击【查看更多】按钮，在弹出的菜单中选择【编辑更多…】→【添加 3D效果】选项，如下图所示。

第2步 此时即可打开 3D 照片编辑器，单击【效果】按钮，界面右侧可展示内置的 3D 效果，选择效果，如单击【白雪降落】效果，如下图所示。

第3步 图片进入编辑界面，可以移动效果，附加到图片中的某一位置并设置效果展示的时间，也可以设置效果的音量，设置完成后，单击【保存副本】按钮，如下图所示。

第4步 弹出【完成你的视频】对话框，设置视频的质量，然后单击【导出】按钮，如下图所示。

第5步 弹出【另存为】对话框，选择要保存的位置及文件名，然后单击【导出】按钮，如下图所示。

第6步 保存完毕后，系统即会生成一个MP4格式的小视频，并自动播放该视频，如下图所示。

 听音乐

在网络中，听音乐一直是热点之一，只要电脑中安装有合适的播放器，就可以播放从网上下载的音乐文件，如果电脑中没有安装合适的播放器，还可以到专门的音乐网站听音乐。

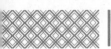

9.2.1 使用 Groove 播放音乐

Groove音乐是Windows 11系统中的默认播放器，可以播放及搜索音乐，在使用电脑时可以通过该功能播放自己喜欢的音乐。

如果用户播放电脑上的单首音乐，双击音乐文件或右击打开文件即可播放，如下图所示。如果音乐文件较多，则需要将其批量添加到播放列表中。

1. 添加音乐文件到播放器

添加音乐文件到播放器的具体步骤如下。

第1步 单击【开始】按钮，打开所有程序列表，选择【Groove音乐】选项。

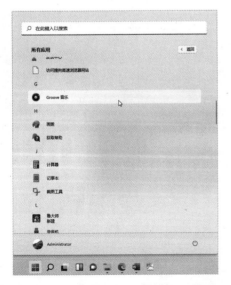

第2步 首次打开【Groove音乐】工作界面，软

件会进行一些准备和设置工作。

第3步 片刻后，即会进入软件界面。在【我的音乐】页面，可以单击【显示查找音乐的位置】超链接，如下图所示。

第4步 在弹出的对话框中单击【添加文件夹】按钮，如下图所示。

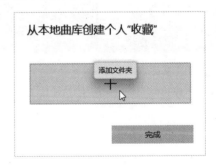

第5步 在弹出的【选择文件夹】对话框中选择电脑中的音乐文件夹位置，并单击【将此文件夹添加到 音乐】按钮，如下图所示。

的复选框，单击【播放】按钮，如下图所示。

第6步 单击【完成】按钮，即可自动添加音乐文件到播放列表中，如下图所示。

第9步 此时即可将选中的音乐文件添加到正在播放的列表中，用户可以通过界面下方的控制按钮管理播放的音乐，如下图所示。

第7步 返回【Groove音乐】界面，即可看到添加的音乐文件，如下图所示。

2. 创建播放列表

用户可以根据自己的喜好创建播放列表，方便聆听音乐，具体操作步骤如下。

第1步 在【Groove音乐】界面单击左侧的【新建播放列表】按钮 +，如下图所示。

| 提示 |

后续在该文件夹下添加音乐文件，播放器都会自动将其添加到歌曲列表中。

第8步 选择要播放的音乐，并勾选歌曲名称前

第 2 步 在弹出的对话框中设置播放列表的名称，并单击【创建播放列表】按钮，如下图所示。

第 3 步 此时即可创建播放列表，并进入其界面，如下图所示。

第 4 步 选择左侧的【我的音乐】选项，即可在

【歌曲】列表中选择要添加的歌曲。单击【添加到】按钮，在弹出的列表中选择要添加的播放列表，如下图所示。

第 5 步 添加好音乐后，即可进入该播放列表，单击【全部播放】按钮即可播放音乐，如下图所示。

9.2.2 在线听音乐

在网上听音乐，最常用的方法是使用在线音乐播放器，如QQ音乐、酷我音乐、酷狗音乐等。本节以【QQ音乐】为例，介绍使用音乐播放器在线听音乐的方法。

第1步 下载并安装【QQ音乐】，并启动软件，进入其主界面，如下图所示。

第2步 在【QQ音乐】界面中，可选择【精选】【有声电台】【排行】【歌手】【分类歌单】【数字专辑】【手机专享】等。这里选择【排行】选项，进入该页面，选择【飙升榜】，如下图所示。

第3步 此时即可进入【飙升榜】页面，并显示音乐列表，单击【全部播放】按钮可以播放列表中的所有音乐；也可以将鼠标光标移至歌曲名称旁，单击显示的【播放】按钮▷，播放该单曲，如下图所示。

第4步 单击播放栏上的【展开歌曲详情页】按钮，可显示歌曲的歌词，如下图所示。

第5步 如果歌曲名后有"MV"图标 ▶ ，则表明该歌曲有MV，可以单击该按钮，查看歌曲的MV，如下图所示。

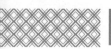
9.2.3 重点：下载音乐到电脑中

下载音乐到电脑中，即使没有网络，也可以随时播放电脑中的音乐。下载音乐的方式有很多种，如在网页中下载、在音乐播放软件中缓存到电脑等。本节以【QQ音乐】为例，介绍下载音乐的方法。

第1步 启动【QQ音乐】软件，进入主界面，单击界面右上角的【点击登录】按钮，如下图所示。

> 提示
>
> 只有登录【QQ音乐】软件，才能下载音乐。

第2步 弹出登录对话框后，选择QQ或微信登录方式，如选择【QQ登录】方式，输入QQ账号和密码，单击【授权并登录】按钮。

第3步 登录后，在搜索框中输入要下载的音乐

文件名称，按【Enter】键，进入搜索结果页面。将鼠标光标移至歌曲名上，单击显示的【下载】按钮，在弹出的菜单中选择音乐文件品质，如下图所示。

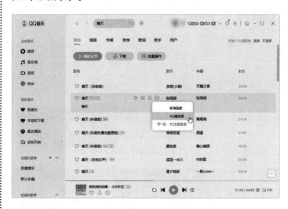

> 提示
>
> 部分音乐文件只有播放器的VIP或付费后才能下载。

第4步 此时即可添加下载任务，单击界面左侧的【本地和下载】选项，在【下载歌曲】列表中即可看到下载的音乐。

第5步 下载完成后，右击歌曲列表中的歌曲，在弹出的快捷菜单中选择【浏览本地文件】选项，如下图所示。

第6步 此时即可打开下载的歌曲所在的文件夹，查看下载的歌曲，如下图所示。

9.3 看视频

以前看电影要到电影院才能看，但自从有了网络，人们就可以在线看电影了，而且不受时间与地点的限制，同时片源丰富，甚至可以观看世界各地的电影。

9.3.1 使用【电影和电视】播放视频

【电影和电视】应用是Windows 11系统中的视频播放器，这个应用可以给用户提供更全面的视频服务，使用【电影和电视】播放电影的具体操作步骤如下。

第1步 在电脑中找到视频文件保存的位置，并打开该文件夹，双击要播放的视频文件，如下图所示。

第2步 此时即可在【电影和电视】应用中播放所选的视频文件，如下图所示。

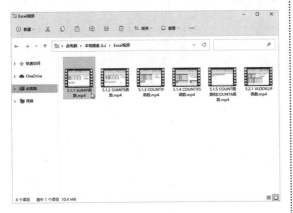

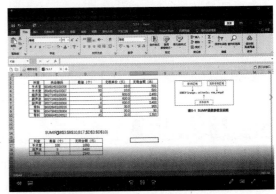

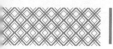

9.3.2 在线看电影

在网页中除了可以听音乐外，还可以看电影，这里以在【优酷】网站看电影为例，介绍在网页中看电影的具体操作步骤。

第1步 打开浏览器，在地址栏中输入优酷网址，然后按【Enter】键，即可进入优酷首页，单击页面中的【电影】按钮，如下图所示。

第2步 此时即可进入【电影频道-优酷】页面，可以根据分类查找自己喜欢的电影及频道，如下图所示。

第3步 用户也可以在搜索框中输入自己想观看

的电影名称，按【Enter】键进行搜索，在打开的页面中查看有关电影的搜索结果，单击【免费试看】按钮，如下图所示。

提示

部分电影需要成为视频网站付费会员方可观看。

第4步 即可在打开的页面中观看该电影，在播放画面上双击可以全屏观看电影，如下图所示。

9.3.3 下载视频

用户可以将网站或播放器中的视频下载到电脑中，如使用迅雷可以下载网页中的视频，也可以使用播放器中的缓存功能，把视频缓存到电脑中，即使在没有网络或网速不佳的情况下，也可以方便、流畅地观看视频。本小节以【爱奇艺】为例，介绍如何下载视频到电脑中。

第1步 打开并登录【爱奇艺】视频客户端，在顶部搜索栏中输入要下载的视频名称，单击【搜索】按钮，如下图所示。

第2步 此时即可搜索出相关的视频列表，在搜索的视频结果中单击【下载】按钮，如下图所示。

| 提示 |

使用【爱奇艺】【优酷】【腾讯视频】及【芒果TV】等客户端缓存视频，仅支持来源为本网站的视频缓存下载，且部分视频仅支持该视频网站会员下载和观看。

第3步 在弹出的对话框中，选择要下载的清晰度、内容，单击【下载】按钮，如下图所示。

第4步 界面弹出提示框，表示已将所选视频加入下载列表中，如下图所示。

已加入下载列表
可至个人中心- 我的下载 查看

第5步 此时单击【我的下载】按钮，进入下载列表，可以看到视频下载的速度及进程，如下图所示。

第6步 下载完成后，即可在【我的下载】列表中查看下载完成的视频；单击视频名称，即可播放该视频。单击【下载文件夹】按钮，可打开视频文件所在的文件夹。下载的视频观看完毕后，可单击视频名称右侧的【删除】按钮 🗑，删除对应的视频，为电脑释放存储空间，如下图所示。

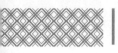

9.4 玩游戏

玩电脑游戏已经成为许多人休闲娱乐的方式，其种类非常多，常见的电脑游戏主要可以分为棋牌类游戏、休闲类游戏、角色扮演类游戏等类型。

9.4.1 Windows 系统自带的纸牌游戏

蜘蛛纸牌是 Windows 系统自带的纸牌游戏，该游戏的目标是以最少的移动次数移走玩牌区的所有牌。根据难度级别，纸牌由 1 种、2 种或 4 种不同的花色组成。纸牌分 10 列排列，每列的顶牌正面朝上，其余的纸牌正面朝下，剩下的纸牌叠放在右下角发牌区。

蜘蛛纸牌的玩法规则如下。

（1）要想赢得一局，必须按降序从 K 到 A 排列纸牌，将所有纸牌从玩牌区移走。

（2）在中级和高级难度中，纸牌的花色必须相同。

（3）在按降序成功排列纸牌后，该列纸牌将从玩牌区回收。

（4）在不能移动纸牌时，可以单击发牌区中的发牌叠，系统会开始新一轮发牌。

（5）不限制一次移动的纸牌张数。如果一列牌花色相同，且按顺序排列，则可以整列移动。

启动蜘蛛纸牌的具体操作步骤如下。

第1步 单击【开始】按钮，打开所有程序列表，选择【Microsoft Solitaire Collection】（微软纸牌集合）程序，如下图所示。

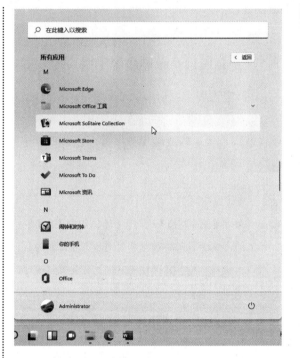

| 提示 |

如果在电脑中没有找到Microsoft Solitaire Collection应用，可通过Microsoft Store应用商店下载。

第2步 单击进入【Microsoft Solitaire Collection】欢迎界面，如下图所示。

第3步 进入【Microsoft Solitaire Collection】游戏选择界面后可发现，其中集合了 5 个纸牌游戏。单击【蜘蛛纸牌】图标，如下图所示。

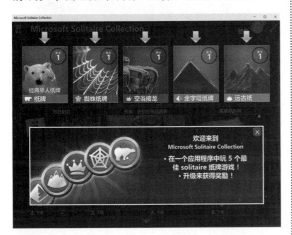

第4步 此时即可进入【蜘蛛纸牌】游戏界面，如下图所示。

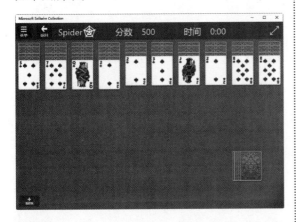

第5步 单击底部的【选项】按钮，在弹出的【游戏选项】对话框中可以对游戏的参数进行设置，

如下图所示。

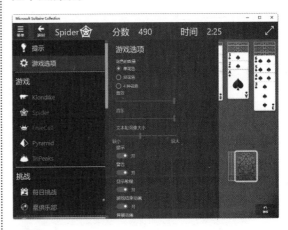

第6步 如果用户不知道该如何移动纸牌，可以单击底部的【提示】按钮，系统会提示用户该如何操作，如下图所示。

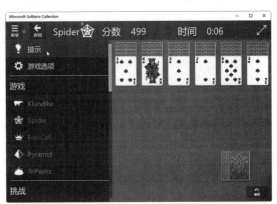

第7步 按降序从 K 到 A 排列纸牌，直到将所有纸牌从玩牌区回收，如下图所示。

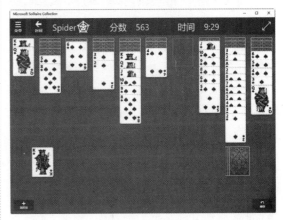

第8步 根据移牌规则移动纸牌，单击右下角发牌区的牌组可以发牌。在发牌前，用户需要确保没有空列，否则不能发牌，如下图所示。

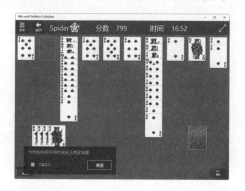

第9步 所有的纸牌按照从K到A的顺序排列并完成回收后，系统会播放纸牌飞舞的动画，表示本局胜利，如下图所示。

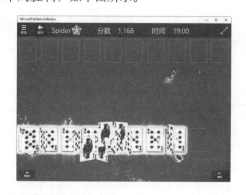

第10步 单击【新游戏】按钮，即可开始新的游戏。单击【主页】按钮，则退出游戏，返回到【Microsoft Solitaire Collection】主界面，如下图所示。

9.4.2 在线玩游戏

斗地主是广受喜爱的多人在线网络游戏，其趣味性十足，且不用费太多的脑力和时间，是休闲娱乐不错的选择。下面以在QQ游戏大厅中玩斗地主为例，介绍在QQ游戏大厅玩游戏的具体操作步骤。

第1步 在QQ主界面中单击【QQ游戏】按钮，如下图所示。

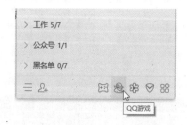

第2步 如果电脑中没有安装QQ游戏，系统则

会弹出【在线安装】对话框，单击【安装】按钮即可安装，如下图所示。如果已经安装QQ游戏，则直接进入QQ游戏大厅界面。

第3步 单击【安装】按钮后，即可下载并安装

软件，根据提示进行安装即可，如下图所示。

第4步 安装完成后，即可进入QQ游戏大厅。初次使用时，【我的游戏】中无任何游戏，可单击【去游戏库找】按钮，如下图所示。

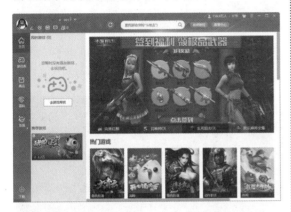

第5步 进入游戏库列表，选择游戏的分类，并选择要添加的游戏，单击【添加游戏】按钮，如下图所示。

第6步 系统弹出【下载管理】对话框，其中会显示【欢乐斗地主】的下载进度，如下图所示。

第7步 下载完成后，系统会自动安装并进入游戏主界面，如下图所示。选择要进行的游戏模式，本例选择【经典模式】。

第8步 选择【经典模式】下的玩法，如【经典玩法】，如下图所示。

第9步 选择【经典玩法】下的【新手场】，如下图所示。

第10步 进入新手场后，单击【开始游戏】按钮，如下图所示。

第11步 系统会自动匹配玩家，并发牌给玩家，玩家可以根据所持牌的情况，决定是否要"叫

地主"，也可以使用一定的道具，如"超级加倍""记牌器"等，如下图所示。

第12步 本局游戏结束后，可再次单击【开始游戏】按钮，开始新的游戏，如下图所示。

举一反三

将喜欢的音乐／电影传输到手机中

在电脑上下载的音乐或电影只能在电脑上聆听或观看，如果用户想要把音乐或电影传输到手机中，随时随地享受音乐或电影带来的快乐，该如何操作呢？

智能手机可以随时随地进行网络连接，用户可以利用网络实现电脑与手机的相互连接，进行数据传输。电脑与手机间传输数据通常会借助第三方软件来完成，如QQ、微信等，下图所示为QQ电脑版与手机QQ的数据传输界面。

使用数据线也可以实现电脑与手机的数据传输，下图所示为手机转换成移动存储设备在电脑中的显示效果，其显示设备名称为"HUAWEI"。

另外，如果手机与电脑连接的是同一个网络，则可使用手机品牌厂家的软件进行无线数据传输，如小米、OPPO、vivo手机自带的【文件管理】APP中的远程管理，在地址栏中输入生成的FTP地址即可进行访问；有的手机包含多屏协同软件，也可以进行数据传输，如华为分享、MIUI+等。

1. 使用 QQ 进行传输

第1步 打开QQ主界面，单击【我的设备】组，展开【我的设备】列表，双击【我的Android手机】，如下图所示。

第2步 此时即可打开"我的Android手机"对话框，单击【传送文件】按钮 ，如下图所示。

第3步 打开【打开】对话框，在其中找到要发送的音乐和电影文件，单击【打开】按钮，如下图所示。

第4步 返回下图所示的界面，可以看到选择的音乐和电影文件，并显示发送的进度。

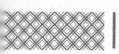

第5步 此时在手机QQ中即可开始下载从电脑传输过来的音乐和电影文件，下载完毕后，即完成了将电脑中的音乐和电影传输到手机中的操作。

| 提示 |

如果要将手机中的音乐、视频、图片及文档等传到电脑中，则可在【我的电脑】会话框中选择文件并发送。

2. 使用数据线进行传输

第1步 使用数据线将手机连接到电脑上，然后在电脑中打开需要传输的音乐和电影所在的文件夹，选中需要传输的音乐和电影，按【Ctrl+C】组合键执行【复制】命令，如下图所示。

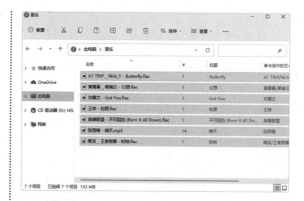

第2步 打开【此电脑】窗口，双击电脑识别的移动设备，如下图所示。

第3步 打开手机的【内存存储】文件夹，选择要粘贴的目标位置，按【Ctrl+V】组合键进行粘贴，如下图所示。

第4步 系统弹出【正在复制…】提示框，并显示文件复制的进度，如下图所示。

第5步 完成传输后，即可看到该文件夹下已传输的文件，如下图所示。

第6步 将手机与电脑断开连接，在手机中打开音乐播放器，即可看到识别的本地歌曲已显示在歌曲列表中，如下图所示。

3. 使用【远程管理】无线传输文件

下面以"小米手机"为例，介绍使用【远程管理】传输文件的方法。

第1步 在手机端，点击【文件管理】图标，打开该APP，如下图所示。

第2步 进入【文件管理】界面，点击右上角的 ⋮ 按钮，在弹出的菜单中选择【远程管理】选项，如下图所示。

第3步 进入【远程管理】界面，点击【启动服务】按钮，如下图所示。

第6步 此时即会生成FTP地址，如下图所示。

第4步 弹出【用户和密码】对话框后，设置用户名和密码，用于电脑端登录，设置完毕后点击【确定】按钮，如下图所示。

第5步 弹出【请选择访问存储位置】对话框后，点击【内部存储设备】，如下图所示。

> **提示**
>
> 在电脑上访问手机内部存储设备时，请勿离开该页面，否则会中断访问。

第7步 在电脑端打开【此电脑】窗口，在地址

栏中输入FTP地址，并按【Enter】键，如下图所示。

第8步 弹出【登录身份】对话框，输入用户名和密码，并单击【登录】按钮，如下图所示。

第9步 此时即可访问手机的内部存储空间，如

下图所示。

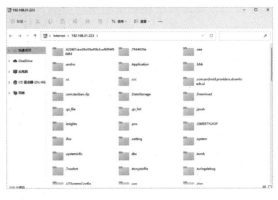

第10步 选择目标文件夹，将要传输的音乐或电影文件复制粘贴到该文件夹内即可，如下图所示。

◇ **快速截取屏幕截图的方法**

在使用电脑时，我们经常需要截取屏幕中的画面，来分享屏幕中的内容，下面介绍截取屏幕（简称截屏）的方法。

第1步 在要截图的目标窗口中，按【Windows+Shift+S】组合键即可进入截屏模式，如下图所示。

第2步 按住鼠标左键并拖动鼠标即可截屏,如下图所示。

第3步 此时截屏图片会保存在剪切板上,用户在目标位置进行粘贴即可,如下图所示。

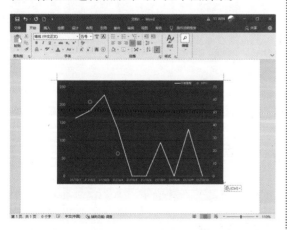

另外,除了上述方法还有以下3种常用的方法。

(1)按【Windows+Print Screen】组合键。按【Windows+Print Screen】组合键可以截取全屏并自动保存到"此电脑>图片>屏幕截图"路径下。

(2)使用QQ截屏。登录QQ后,按【Ctrl+Alt+A】组合键即可自由截屏,并可将图片保存到电脑中或粘贴到聊天窗口中。

(3)使用微信截屏。登录微信后,按【Alt+A】组合键即可自由截取屏幕。

◇ **创建相册**

在【照片】应用中,用户可以创建相册,将同一主题或同一时间段的照片添加到同一个相册中,并为其设置封面,以方便查看。创建相册的具体操作步骤如下。

第1步 打开【照片】应用,单击界面顶部的【相册】选项,进入【相册】界面,然后单击【新建相册】按钮,如下图所示。

第2步 进入【新建相册】界面,浏览并选择要添加到相册的照片,单击【创建】按钮,如下图所示。

第3步 进入相册编辑界面，在标题文本框中编辑相册的标题，然后单击【完成】按钮☑，如下图所示。

第4步 标题命名完成后，单击右上角的【幻灯片放映】按钮▷，即可以幻灯片的形式放映相册，按【Esc】键可退出幻灯片放映，如下图所示。

第5步 单击相册界面中的【编辑】按钮，可以打开视频编辑器，对视频的背景音乐、文本、动作等进行编辑，完成后，单击【完成视频】按钮即可保存，如下图所示。

第 **3** 篇

Office 2021 办公篇

第 10 章

文档编排——
使用 Word 2021

📖 本章导读

    Word 是最常用的办公软件之一，也是目前使用最多的文字处理软件。使用 Word 2021 可以便捷地完成各种文档的制作、编辑及排版等，尤其在处理长文档时，可以快速地对其进行排版。本章主要介绍 Word 2021 的高级排版应用，主要包括页面设置、封面设计、格式化正文、插入页眉和页脚、插入页码和提取目录等内容。

🎯 思维导图

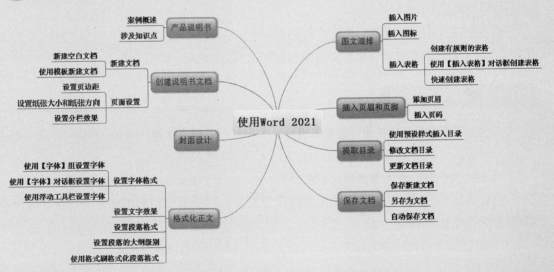

10.1 产品说明书

产品说明书是一种常见的说明文档，是生产者为了向消费者全面地、明确地介绍产品名称、用途、性质、性能、原理、构造、规格、使用方法、保养维护、注意事项等内容而编写的准确的、简明的文字材料。

10.1.1 案例概述

产品说明书要实事求是，制作产品说明书时不可夸大产品的作用和性能，这是制作产品说明书的职业操守。产品说明书具有宣传产品、扩大消息、传播知识等基本功能。制作产品说明书时需要注意以下几点。

1. 实事求是

产品说明书涉及千家万户，关系到广大消费者的切身利益，决不允许夸大其词，鼓吹操作，甚至以假冒伪劣产品来谋取自身的经济利益。

2. 通俗易懂

很多消费者没有专业知识，因此有必要用通俗浅显和大众喜闻乐见的语言，清楚明白地介绍产品，使消费者使用产品时得心应手，对注意事项心中有数，使维护和维修方便快捷。

3. 图文并茂

产品说明书要全面地说明产品，不仅要介绍其优点，同时还要清楚地说明应注意的事项和可能产生的问题。产品说明书一般采用说明性文字，也可以根据情况使用图片、图表等多种形式，以达到最好的说明效果。

4. 版面简洁

（1）确定产品说明书的布局，避免多余文字。

（2）页面设置合理，避免过多留白。

（3）字号不宜过大，但文档的标题字体可以适当加大、加粗。

10.1.2 涉及知识点

制作产品说明书时可以按照以下思路进行。

（1）创建空白文档，对文档进行保存并命名。

（2）设置页面布局，使页面宽度、高度合适。

（3）设置文档的封面效果，并对文档封面文字格式进行设置。

（4）格式化文档中的字体与段落。

（5）为文档添加图片，并插入合适的表格，使文档图文并茂。

（6）设置纸张方向，并添加页眉和页脚。

（7）设置说明书文档中的段落大纲级别，并提取目录。

（8）另存为兼容格式，以便共享文档。

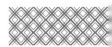

10.2 创建说明书文档

在制作产品说明书时，首先要创建空白文档，并对创建的空白文档进行页面设置。

10.2.1 新建文档

在使用Word 2021编排文档之前，首先需要创建一个新文档，新建文档有以下两种方法。

1. 新建空白文档

新建空白文档主要有以下3种方法。

（1）打开Word 2021，进入下图所示的界面，在【新建】界面单击【空白文档】图标，即可新建空白文档。

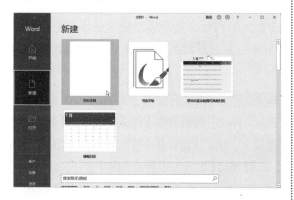

（2）单击快速访问工具栏中的【自定义快速访问工具栏】按钮，在弹出的快捷菜单中选择【新建】选项，如下图所示，将【新建】按钮添加至快速访问工具栏中，然后单击快速访问工具栏中的【新建】按钮，也可以新建Word文档。

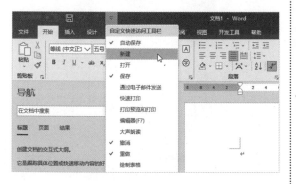

（3）在打开的现有文档中，按【Ctrl+N】组合键即可新建空白文档。

2. 使用模板新建文档

系统已经将文档的一些模式预设好了，用户在使用的过程中，只需在指定位置填写相关的文字即可。电脑在连网的情况下，可以在【搜索联机模板】文本框中输入模板关键词进行搜索并下载。

下面以使用系统自带的模板为例进行介绍，具体操作步骤如下。

第1步 在Word 2021中，选择【文件】→【新建】选项，在打开的可用模板设置区域选择【新式时序型简历】选项，如下图所示。

第2步 系统随即弹出【新式时序型简历】对话框，单击【创建】按钮，如下图所示。

第3步 此时即可创建一个以活动传单为模板的文档，在其中根据实际情况输入文字，如下图所示。

10.2.2 页面设置

页面设置是指对文档布局的设置，主要包括设置文字方向、页边距、纸张大小、分栏等。Word 2021有默认的页面设置，但默认的页面设置并不一定适合所有用户，用户可以根据需要对页面进行重新设置。

1. 设置页边距

设置页边距，包括上、下、左、右边距及页眉和页脚距页边界的距离，在【布局】选项卡的【页面设置】组中单击【页边距】按钮，在弹出的下拉列表中选择一种页边距样式，即可快速设置页边距，如下图所示。

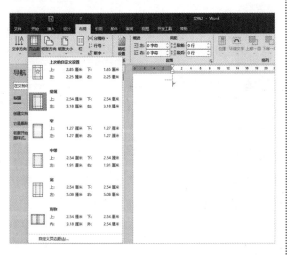

除此之外，还可以自定义页边距。单击【布

局】选项卡下【页面设置】组中的【页面设置】按钮，弹出【页面设置】对话框后，在【页边距】选项卡下的【页边距】选项区域可以自定义【上】【下】【左】【右】页边距，如将【上】【下】【左】【右】页边距均设为"2.54厘米"，如下图所示，在【预览】选项区域可以查看设置后的效果。

如果页边距的设置超出了打印机默认的范围，将出现【Microsoft Word】提示框，如下图所示。此时用户可单击【调整】按钮使其自动调整，当然也可以进行手动调整。页边距太窄会影响文档的装订，而太宽不仅不美观还浪费纸张。一般情况下，如果使用 A4 纸，可以采用 Word 2021 提供的默认值，具体可根据用户的要求进行设置。

2. 设置纸张大小和纸张方向

纸张的大小和方向也会影响文档的打印效果，因此设置合适的纸张在 Word 文档制作过程中是非常重要的。设置纸张包括设置纸张的方向和大小，具体操作步骤如下。

第1步 单击【布局】选项卡下【页面设置】组中的【纸张方向】按钮，在弹出的下拉列表中可以设置纸张方向为【横向】或【纵向】，这里选择【横向】选项，如下图所示。

第2步 单击【布局】选项卡下【页面设置】组中的【纸张大小】按钮，在弹出的下拉列表中可以选择纸张大小，这里选择【16开】选项，如下图所示。

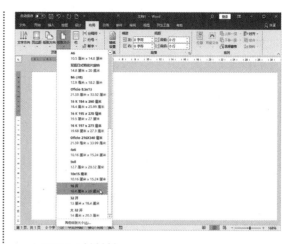

如果要自定义纸张大小，则可选择【其他纸张大小】选项，自定义长、宽尺寸。

3. 设置分栏效果

在对文档进行排版时，通常需要将文档进行分栏。在 Word 2021 中可以将文档分为两栏、三栏或更多栏，具体操作步骤如下。

第1步 使用功能区设置分栏。选择要分栏的文本后，在【布局】选项卡下单击【栏】按钮，在弹出的下拉列表中选择对应的栏数，这里选择【两栏】，如下图所示。

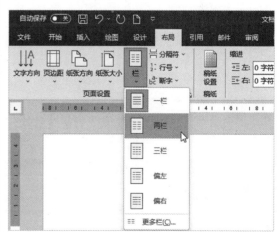

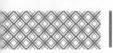

第2步 使用【栏】对话框。在【布局】选项卡下单击【栏】按钮，在弹出的下拉列表中选择【更多栏】选项，弹出【栏】对话框，该对话框中显示了系统预设的 5 种分栏效果。在【栏数】微调框中输入要分的栏数，如输入"3"，然后设置栏宽、分隔线后，可在【预览】选项区域预览效果，最后单击【确定】按钮，如下图所示。

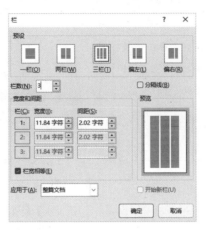

10.3 封面设计

Word 2021 中包含了很多漂亮的封面模板，用户可以调用模板直接为文档插入封面，然后再对其进行修改，以便满足具体的需求。在封面中输入标题的具体操作步骤如下。

第1步 打开"素材\ch10\产品说明书"，单击【插入】选项卡下【页面】组中的【封面】按钮，即可打开【封面】下拉列表。选择需要的封面选项，如下图所示。

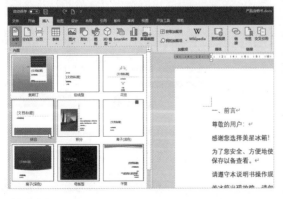

第3步 用户可根据实际情况，在封面中输入文字，如下图所示。

第2步 此时即可在文档的开头插入封面，如下图所示。

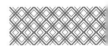

第4步 在页面底部输入公司名称和地址，并删除封面页面中多余的文本框，调整文本框的位置，最终的产品说明书封面就制作完成了，其

效果如下图所示。

10.4 重点：格式化正文

在文档中输入有关产品说明书的文字信息后，下面最重要的工作就是对正文进行格式化操作，包括字体与段落等。

10.4.1 设置字体格式

在Word 2021中，文本默认为等线、五号、黑色，用户可以根据不同的内容对其进行修改，主要有以下3种方法。

1. 使用【字体】组设置字体

在【开始】选项卡下的【字体】组中单击相应的按钮来修改字体格式，这是最常用的字体格式设置方法，如下图所示。

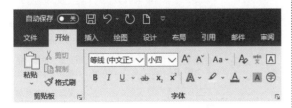

2. 使用【字体】对话框设置字体

选择要设置的文字，单击【开始】选项卡下【字体】组右下角的【字体】按钮，或者右击，在弹出的快捷菜单中选择【字体】选项，都会弹出【字体】对话框，从中可以设置字体的格式，如下图所示。

3. 使用浮动工具栏设置字体

选择要设置字体格式的文本，此时选中的文本区域右上角会弹出一个浮动工具栏，单击相应的按钮即可修改字体格式，如下图所示。

使用上述方法设置产品说明书字体格式的具体操作步骤如下。

第1步 选中产品说明书第2页中的"前言"文

字，单击【宋体】右侧的下拉按钮，在弹出的下拉列表中选择【仿宋】字体样式，并设置字体的大小为【三号】，如下图所示。

第2步 使用上面的方法设置下面的文字信息，具体效果如下图所示。

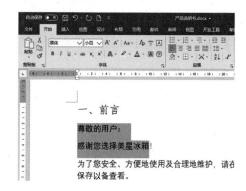

也可以使用其他方法设置文档中其他标题的字体，以突出显示。

10.4.2 设置文字效果

为文字添加艺术效果，可以使文字看起来更加美观或醒目，具体操作步骤如下。

第1步 选中要设置的文本，在【开始】选项卡下的【字体】组中，单击【文本效果和版式】按钮 A，在弹出的下拉列表中可以选择文本效果，如下图所示。

第2步 此时所选文本内容即可应用艺术效果，如下图所示。

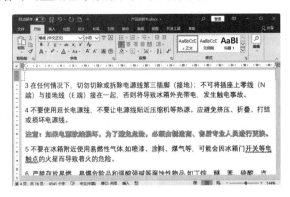

10.4.3 设置段落格式

段落格式是指以段落为单位的格式设置。设置段落格式主要是指设置段落的对齐方式、段落缩进及行间距和段落间距等。

1. 段落的对齐方式

Word 2021中提供了5种常用的对齐方式，分别为左对齐、右对齐、居中对齐、两端对齐和分散对齐。通过【开始】选项卡下的【段落】组中的对齐方式按钮可以快速设置对齐方式，如下图所示。

另外，在【段落】对话框中也可以设置段落的对齐方式。单击【开始】选项卡下【段落】组右下角的【段落设置】按钮，或右击并在弹出的快捷菜单中选择【段落】选项，都会弹出【段落】对话框。在【缩进和间距】选项卡下，单击【常规】选项区域【对齐方式】右侧的下拉按钮，在弹出的下拉列表中可选择需要的对齐方式，如下图所示。

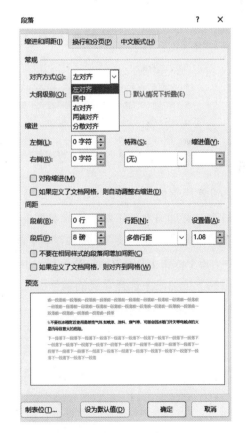

各个对齐方式的效果如下图所示。

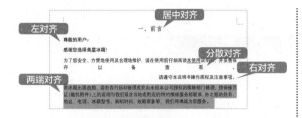

2. 设置项目符号和编号

如果要设置项目符号，只需选择要添加项目符号的多个段落，然后选择【开始】选项卡，在【段落】组中单击【项目符号】按钮 ，从弹出的下拉列表中选择项目符号库中的符号即可。当鼠标指针置于某个项目符号上时，可在文档窗口中预览设置结果，如下图所示。

在设置段落的过程中，有时使用编号比使用项目符号更加清晰，这时就需要设置编号。选中要添加编号的多个段落，然后选择【开始】选项卡，在【段落】组中单击【编号】按钮 ，从弹出的下拉列表中选择需要的编号类型，即可完成设置操作，如下图所示。

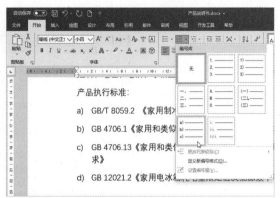

3. 段落的缩进

段落缩进是指段落的首行缩进、悬挂缩进和段落的左右边界缩进等，具体操作步骤如下。

第1步 选择需要设置样式的段落，单击【开始】选项卡下【段落】组中的【段落设置】按钮 ，如下图所示。

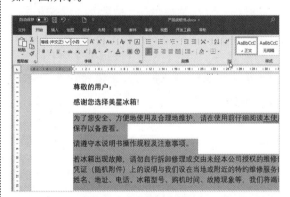

第2步 打开【段落】对话框，选择【缩进和间距】选项卡，在【缩进】选项区域中可以设置缩进量。例如，在【缩进】选项区域的【左侧】微调框中输入"2字符"，单击【确定】按钮，如下图所示。

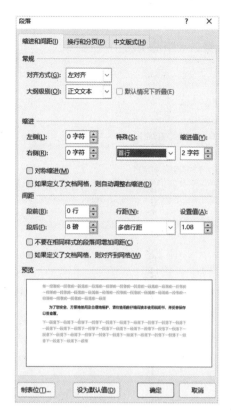

第3步 此时即可将所选的内容首行将向右缩进两个字符，如下图所示。

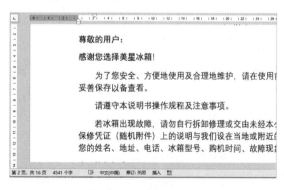

4. 设置段间距与行间距

在设置段落时，如果希望增大或减小各段之间的距离，可以设置段间距，具体操作步骤如下。

第1步 选择要设置段间距的段落，然后选择【开始】选项卡，在【段落】组中单击【行和段落间距】按钮 ≣ ，从弹出的下拉菜单中选择段落

的行距即可。例如，选择【1.5】选项，如下图所示。

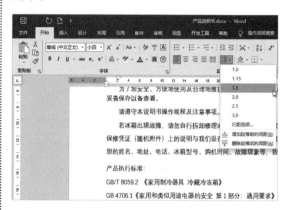

第2步 此时即可看到选择的段落行距发生了改变，如下图所示。

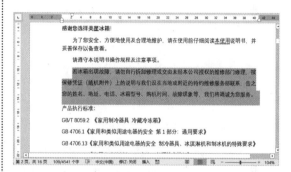

第3步 另外，用户还可以自定义行距的大小。单击【行和段落间距】按钮，从弹出的下拉菜单中选择【行距选项】命令，如下图所示。

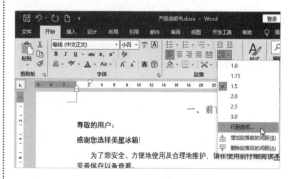

第4步 弹出【段落】对话框后，单击【行距】文本框右侧的下拉按钮，在弹出的下拉列表中选择【固定值】选项，然后在【设置值】文本框中输入"18磅"，单击【确定】按钮，如下图所示。

第5步 此时即可看到段落间的行距设置为 18 磅的效果，如下图所示。

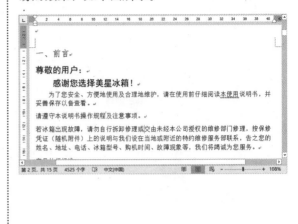

10.4.4　设置段落的大纲级别

在 Word 2021 中，可以为文档中的段落指定等级结构（1~9 级）的段落格式，各级结构之间属于从属关系，如 2 级的段落从属于 1 级，3 级的段落从属于 2 级……这样就可以折叠和展开各种层级的文档，用户可以在大纲视图中查看显示的大纲，以便对文档的层次结果进行调整。也就是说，大纲能够使各段落（标题）分级显示，适合组织长文档，也是提取文档目录的重要设置之一，下面介绍如何设置大纲级别。

第1步 选择要设置大纲级别的段落，然后单击【开始】选项卡下【段落】组中的【段落设置】按钮，如下图所示。

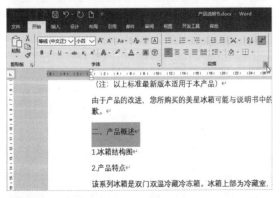

第2步 弹出【段落】设置对话框后，在【常规】

区域单击【大纲级别】右侧的下拉按钮，其中显示了 9 个级别，选择【1 级】选项，如下图所示。

第3步 选择大纲级别后，单击【确定】按钮，如下图所示。

第4步 返回文档编辑窗口，单击【视图】选项卡，勾选【显示】组中的【导航窗格】复选框，在弹出的【导航】栏中即可看到设置的标题，如下图所示。

第5步 选择"1.冰箱结构图"标题，打开【段落】对话框，设置【大纲级别】为"2级"，单击

【确定】按钮，如下图所示。

第6步 返回Word文档窗口，即可看到导航栏中的"2级"标题，并且处于选中状态，如下图所示。当单击导航栏中的1级标题时，文档会立刻定位至1级标题的正文位置。

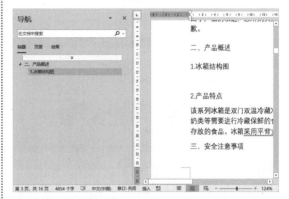

12.4.4 使用格式刷格式化段落格式

格式化可以将所选内容的段落格式，如字体、段落缩进、项目符号等格式应用到其他文本段落中，比起单独设置格式更为便捷。

可以使用格式刷将前面的字体和段落设置应用到产品说明书中的其他文本段落中，具体操作步骤如下。

第1步 在使用格式刷之前，首先设置好当前段落的字体和段落格式，这里将1级标题【字体】设置为"黑体、常规、四号"，如下图所示。

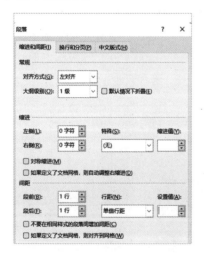

【段落】中设置【大纲级别】为"1级"，【间距】为段前、段后各"1行"，【行距】为"单倍行距"，如下图所示。

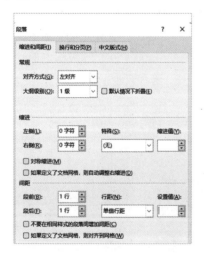

第2步 设置2级标题【字体】为"黑体、小四"，【大纲级别】为"2级"，【间距】为段前、段后各"0.5行"；设置正文【字体】为"宋体、五号"，【缩进】为首行缩进"2字符"，【行距】为固定值"18磅"；设置"注意、警告"段落【字体】为"楷体、五号"，【间距】为段前、段后各"0.5行"，效果如下图所示。

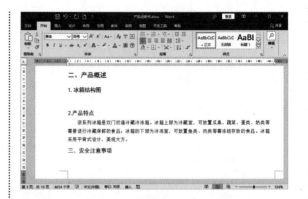

第3步 选中1级标题文字"二、产品概述"，单击【开始】选项卡下【剪贴板】组中的【格式刷】按钮，此时鼠标指针变为形状，如下图所示。

第4步 选择要刷格式的所有文本内容并单击，即可应用该格式，如下图所示。

第5步 双击【开始】选项卡下【剪贴板】组中的【格式刷】按钮✓，即可在多个位置应用所选格式，刷过当前段落后，鼠标指针仍保持⬛形状，如下图所示。

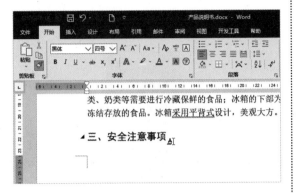

> **提示**
>
> 单击【格式刷】按钮，可执行一次复制格式操作；双击【格式刷】按钮，可执行多次复制格式操作；如果要停止当前正在刷格式的操作，可以按【Esc】键退出操作。

第6步 使用同样的方法，为其他1级标题、2级标题、正文及注意、警告段落进行格式化，效果如下图所示。

10.5 重点：图文混排

在文档中插入一些图片与表格可以使文档更加生动形象，从而起到美化文档的作用，插入的图片可以是本地图片，也可以是联机图片。

10.5.1 插入图片

通过在文档中添加图片，可以使文档达到图文并茂的效果，具体操作步骤如下。

第1步 将光标定位于需要插入图片的位置，然后单击【插入】选项卡下【插图】组中的【图片】按钮🖼️，在弹出的下拉列表中选择【此设备】选项，如下图所示。

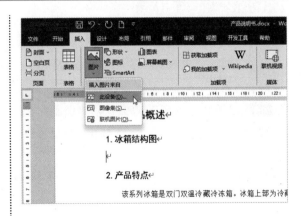

第2步 在弹出的【插入图片】对话框中选择"素材文件\ch10\1.png"图片，单击【插入】按钮，如下图所示。

第3步 此时即可将需要的图片插入文档中，如下图所示。

第4步 将鼠标指针放置在图片的控制点上拖曳，可以扩大或缩小图片，调整图片大小并使其居中显示，如下图所示。

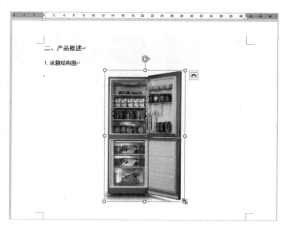

10.5.2 插入图标

Word 2021中内置了大量的图标素材，用户可以根据需要将其插入文档中，以达到美化文档的目的。

第1步 选择要插入图标的位置，单击【插入】选项卡【插图】组中的【图标】按钮，如下图所示。

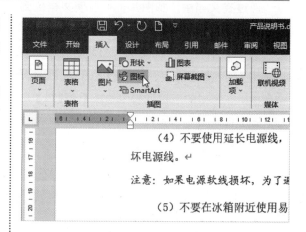

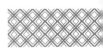

第2步 在弹出的对话框中选择图标分类，然后选择要插入的图标或在搜索框中搜索图标，如这里选择【标志和符号】分类下的图标，然后单击【插入】按钮，如下图所示。

第3步 此时即可插入所选图标，如下图所示。

第4步 调整图标大小后选中图标，单击【图形工具-图形格式】选项卡下【图形样式】组中的【图形填充】按钮，在弹出的颜色列表中选择填充颜色，即可为图标填充颜色，如下图所示。

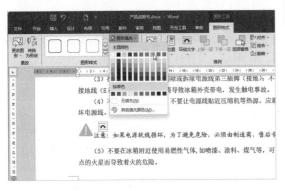

第5步 选中图标，单击右侧的【布局选项】按钮，在弹出的悬浮窗格中选择【文字环绕】区域的【紧密型环绕】选项，如下图所示。

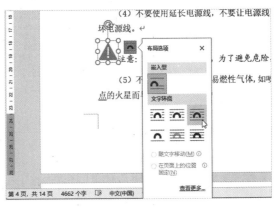

第6步 此时即可调整图标的布局，效果如下图所示。

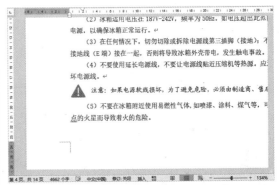

第7步 使用同样的方法，在"警告"段落前插入图标，并设置图标的图形格式和布局，如下图所示。

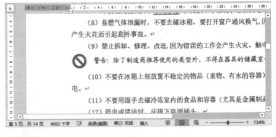

第8步 使用复制命令将其复制到其他位置，并根据情况调整其格式和布局，如下图所示。

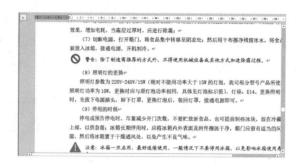

10.5.3　插入表格

表格可以使文本结构化，数据清晰化。在Word 2021中插入表格的方法比较多，常用的方法有使用表格菜单插入表格、使用【插入表格】对话框插入表格和快速插入表格。

1. 创建有规则的表格

使用表格菜单插入表格的方法适合创建规则的、行数和列数较少的表格，具体操作步骤如下。

第1步　将鼠标光标定位至需要插入表格的位置，选择【插入】选项卡，在【表格】组中单击【表格】按钮，选择要插入表格的列数和行数，即可在指定的位置插入表格。选中的单元格将以橙色显示，这里选择6列6行的表格，如下图所示。

第2步　选择完成后单击，即可在文档中插入一个6列6行的表格，如下图所示。

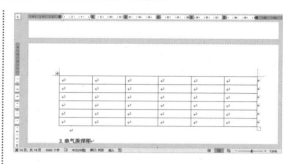

2. 使用【插入表格】对话框创建表格

使用【插入表格】对话框插入表格的功能比较强大，可自定义插入表格的行数和列数，并可对表格的宽度进行调整，具体操作步骤如下。

第1步　将鼠标光标定位至需要插入表格的位置，选择【插入】选项卡，在【表格】组中单击【表格】按钮，在其下拉菜单中选择【插入表格】选项，如下图所示。

第2步 弹出【插入表格】对话框后，输入插入表格的列数和行数，单击【确定】按钮，如下图所示。

【"自动调整"操作】中参数的具体含义如下。

①【固定列宽】：设定列宽的具体数值，单位是厘米。当选择为自动时，表示表格将自动在窗口填满整行，并平均分配各列为固定值。

②【根据内容调整表格】：根据单元格的内容自动调整表格的列宽和行高。

③【根据窗口调整表格】：根据窗口大小自动调整表格的列宽和行高。

第3步 此时即可在文档中插入一个9列5行的表格，如下图所示。

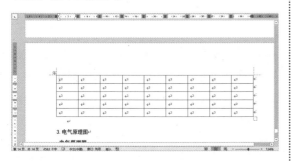

第4步 根据实际情况，在表格中输入文字信息，如下图所示。

	使用说明书	保修凭证	除霜铲	冷藏室搁架	果蔬盒	瓶框	冷冻室抽屉	冰盒
BCD-168CK	1	1	1	3	1	3	3	1
BCD-188CK	1	1	1	3	1	3	3	1
BCD-189CK	1	1	1	3		3	4	1
BCD-209CK	1	1	1	3	1	4	4	1

第5步 输入文字信息后，使用换行的方式，并

结合左对齐、右对齐及段落间距，调整表格文字大小，并设置【对齐方式】为"水平居中"，效果如下图所示。

第6步 选中除首列外的其余内容，单击【表格工具-布局】选项卡下【对齐方式】组中的"水平居中"按钮，使内容居中对齐，效果如下图所示。

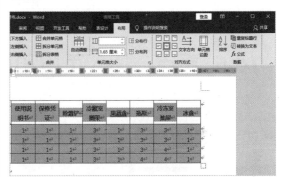

第7步 使用同样的方法，设置首列的2至4行文字对齐方式，效果如下图所示。

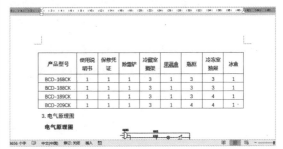

3. 快速创建表格

利用 Word 2021 提供的内置表格模型可以快速创建表格，但其提供的表格类型有限，只适用于建立特定格式的表格。

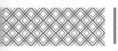
将鼠标光标定位至需要插入表格的位置，然后选择【插入】选项卡，在【表格】组中单击【表格】按钮，在弹出的下拉菜单中选择【快速表格】选项，然后在弹出的级联菜单中选择理想的表格类型即可，如下图所示。

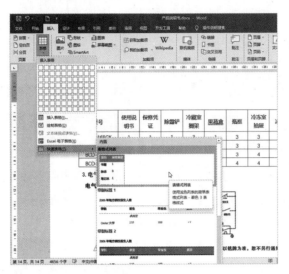

10.6 重点：插入页眉和页脚

在页眉和页脚中可以输入创建文档的基本信息，Word 2021中提供了丰富的页眉和页脚模板，使用户插入页眉和页脚变得更为快捷。

10.6.1 添加页眉

在页眉中可以输入文档名称、章节标题或作者名称等信息，添加页眉的具体操作步骤如下。

第1步 单击【插入】选项卡下的【页眉和页脚】组中的【页眉】按钮，从弹出的下拉菜单中选择要插入的页眉样式，如下图所示。

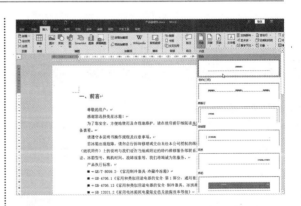

第2步 此时可在文档中插入一个空白的页眉，如下图所示。

所示。

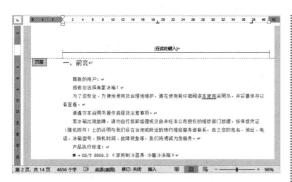

第3步 选择页眉中的"在此处键入"文本，然后将其删除，并单击【页眉和页脚】选项卡下的【插入】组中的【图片】按钮，如下图所示。

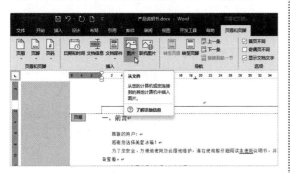

第4步 弹出【插入图片】对话框，选择要插入的图片，然后单击【插入】按钮，如下图所示。

第5步 此时即可在页眉中插入图片，如下图

第6步 选择刚刚插入的图片文件，设置【布局】为【衬于文字下方】，并拖曳鼠标调整图片至合适大小，如下图所示。

第7步 将光标定位至页眉位置，单击【清除所有格式】按钮，清除页眉横线，调整后即可完成页眉图片的设置操作，如下图所示。

10.6.2 插入页码

在一份多页的Word文档中，如果存在目录而没有页码，那么用户就不能快速地找到要浏览的内容。Word 2021 中提供了【页面顶端】【页面底端】【页边距】和【当前位置】4 种页面格式，供用户插入页码使用。下面以设置页码为例进行介绍，具体操作步骤如下。

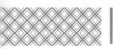

第1步 打开需要插入页码的Word文档，选择【插入】选项卡，在【页眉和页脚】组中单击【页码】按钮，在弹出的下拉菜单中选择需要插入页码的位置，此时界面会弹出包含各种页码样式的列表框，选择列表框中需要插入的页码样式即可。例如，选择【页面底端】中的【普通数字 2】选项，如下图所示。

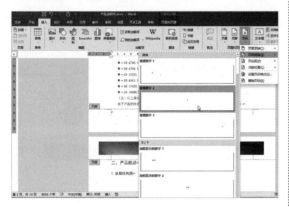

【页码】列表框中包含4种页码格式，具体含义如下。

（1）【页面顶端】：在整个 Word文档的每一个页面顶端，插入用户所选择的页码样式。

（2）【页面底端】：在整个 Word文档的每一个页面底端，插入用户所选择的页码样式。

（3）【页边距】：在整个 Word文档的每一个页边距，插入用户所选择的页码样式。

（4）【当前位置】：在当前 Word文档插入点的位置，插入用户所选择的页码样式。

第2步 此时即可在页码底端的中间位置插入指定的页码，如下图所示。

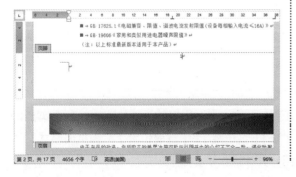

第3步 选择插入的页码并右击，在弹出的快捷菜单中选择【设置页码格式】选项，如下图所示。

第4步 弹出【页码格式】对话框，选择需要的编号格式和页码编号，具体设置如下图所示。

【页码格式】对话框中各个参数的具体含义如下。

（1）【编号格式】：设置页码的编号格式类型。

（2）【包含章节号】：设置章节号的类型。

（3）【续前节】：接着上一节最后一页的页码编号继续编排。

（4）【起始页码】：从指定页码开始继续编排。

第5步 单击【确定】按钮，即可完成页码的设置，如下图所示。

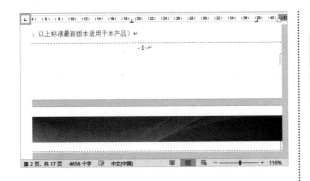

当用户不需要页码时,选择【插入】选项卡,然后单击【页眉和页脚】组中的【页码】按钮,在弹出的下拉列表中选择【删除页码】选项,即可将页码删除,如下图所示。

10.7 提取目录

对于长文档来说,查看文档中的内容时,不容易找到需要的文本内容,这时就需要为其创建一个目录,以便查找。

10.7.1 使用预设样式插入目录

使用Word预定义标题样式可以创建目录,具体操作步骤如下。

第1步 将鼠标光标定位在要插入目录的位置,按【Ctrl+Enter】组合键,如下图所示。

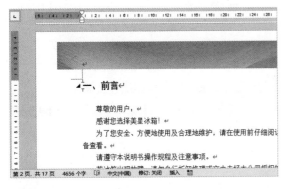

第2步 此时即可插入一个空白页,如下图所示。

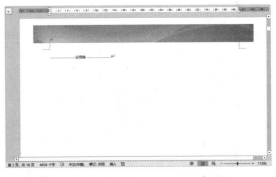

第3步 单击【引用】选项卡下【目录】组中的【目录】按钮,即可弹出【目录】下拉菜单,从下拉菜单中选择需要的一种目录样式,如下图所示。

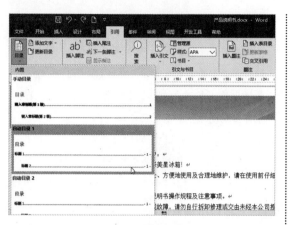

【Ctrl】键，当鼠标指针变为 形状时单击，即可跳转到文档中的相应标题处，如下图所示。

第4步 此时即可将生成的目录以选择的样式插入，如下图所示。

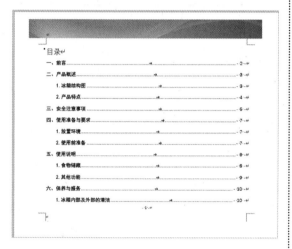

第5步 将鼠标指针移动到目录的页码上，按

第6步 另外，也可以选择目录文字，对文字及格式进行设置，具体效果如下图所示。

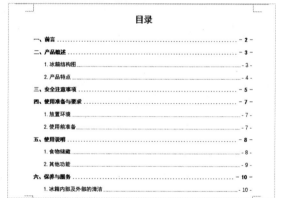

10.7.2　修改文档目录

如果用户对Word 提供的目录样式不满意，则可以自定义目录样式，具体操作步骤如下。

第1步 将光标定位到目录中，单击【引用】选项卡下【目录】组中的【目录】按钮，从弹出的下拉菜单中选择【自定义目录】选项，如下图所示。

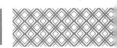

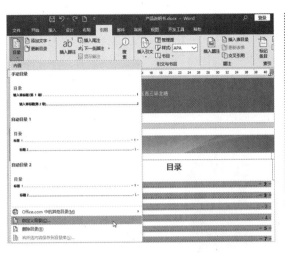

级别，单击【确定】按钮，即可修改目录，如下图所示。

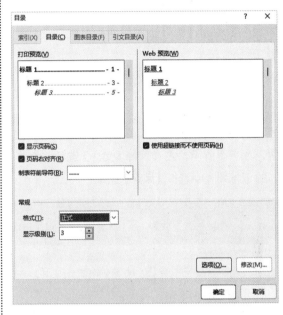

第2步 打开【目录】对话框，在【目录】选项卡中选中【显示页码】【页码右对齐】和【使用超链接而不使用页码】复选框，并单击【格式】下拉按钮，从弹出的下拉列表中选择【正式】选项，然后在【显示级别】文本框中输入要显示的

10.7.3 更新文档目录

编制目录后，如果在文档中进行了增加或删除文本的操作而使页码发生了变化，或者在文档中标记了新的目录项，则需要对编制的目录进行更新。具体操作步骤如下。

第1步 在对文档中的内容进行修改后，单击【引用】→【目录】组中的【更新目录】按钮，如下图所示。

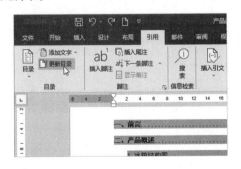

第2步 弹出【更新目录】提示对话框后，如果选中【只更新页码】单选项，则更新目录中的页码；如果选中【更新整个目录】单选项，则可更新文档目录中的内容和页码，单击【确定】按钮，即可更新目录，如下图所示。

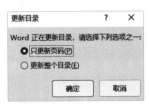

10.8 保存文档

文档被创建或修改好以后，如果不保存，就不能被再次使用，用户应养成随时保存文档的好习

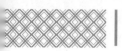

惯。在 Word 2021 中需要保存的文档有：未命名的新建文档，已保存过的文档，需要更改名称、格式或存放路径的文档，以及自动保存的文档等。

10.8.1　保存新建文档

第一次保存新建文档时，需要设置文档的文件名、保存位置和格式等，然后将其保存到电脑中，具体操作步骤如下。

第1步　单击【快速访问工具栏】中的【保存】按钮，如下图所示，或者选择【文件】选项，在打开的下拉列表中选择【保存】选项。

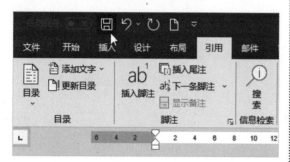

提示

对于已保存过的文档，如果进行了修改，则单击【快速访问工具栏】上的【保存】按钮 🖫，或者按【Ctrl+S】组合键可快速保存文档，且文件名、文件格式和存放路径不变。

第2步　在【文件】菜单中，选择【另存为】选项，在右侧的【另存为】选项区域单击【浏览】按钮，

如下图所示。

第3步　在弹出的【另存为】对话框中设置保存路径和保存类型并输入文件名称，然后单击【保存】按钮即可将文件保存，如下图所示。

10.8.2　另存为文档

如果对已保存过的文档进行了编辑，又希望修改文档的名称、文件格式或存放路径等，则可以使用【另存为】命令，对文件进行保存。例如，将文档保存为 Office 2003 兼容的格式。选择【文件】→【另存为】选项，然后双击【这台电脑】选项，在弹出的【另存为】对话框中输入要保存的文件名，并选择所要保存的位置，然后在【保存类型】下拉列表框中选择【Word 97-2003 文档（*.doc）】选项，单击【保存】按钮，即可保存为 Office 2003 兼容的格式，如下图所示。

提示

按【F12】键，可快速打开【另存为】对话框。

10.8.3 自动保存文档

在编辑文档时，Word 2021 会自动保存文档，在用户非正常关闭Word的情况下，系统会根据设置的时间间隔，在指定时间内对文档进行自动保存，用户可以恢复到最近保存的文档状态。默认的【保存自动恢复信息时间间隔】为"10 分钟"，用户可以选择【文件】→【选项】→【保存】选项，在【保存文档】选项区域设置时间间隔，如下图所示。

举一
反三

排版毕业论文

设计毕业论文时需要注意的是，文档中同一类别文本的格式要统一，层次要有明显的区分，要对同一级别的段落设置相同的大纲级别，还要将需要单独显示的页面单独显示。排版毕业论文时可以按以下思路进行。

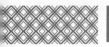

1. 设计毕业论文首页

制作论文封面，包含题目、个人相关信息、指导教师和日期等，如下图所示。

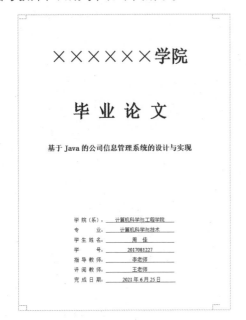

2. 设计毕业论文格式

在撰写毕业论文时，学校会对毕业论文的格式做出统一要求，需要根据要求的格式统一样式，如下图所示。

3. 设置页眉并插入页码

在毕业论文中可能需要插入页眉，使文档看起来更美观，还需要插入页码，如下图所示。

4. 提取目录

格式设计完成后就可以提取目录了，如下图所示。

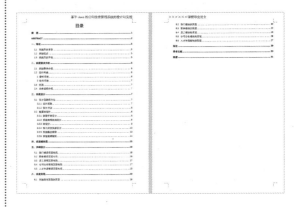

◇ 批量删除文档中的空白行

如果Word文档中包含大量不连续的空白行，手动删除既麻烦又浪费时间。在实际应用中，可以使用【查找和替换】功能进行删除，具体操作步骤如下。

第1步 按【Ctrl+H】组合键，打开【查找和替换】对话框，如下图所示。

第2步 在【查找内容】文本框中输入"^p^p"字符，在【替换为】文本框中输入"^p"字符，单击【全部替换】按钮即可，如下图所示。

◇ 巧用【Shift】键绘制标准图形

在Office中绘制自选图形时，如果要绘制直线、圆或正方形，或者要绘制比例标准的形状，可以使用【Shift】键进行绘制，具体操作步骤如下。

第1步 单击【插入】→【插图】→【形状】按钮，打开自选形状下拉列表，选择【矩形】形状，如下图所示。

第2步 按住【Shift】键的同时绘制矩形，即可绘制出正方形，如下图所示。

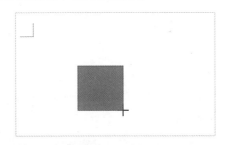

第3步 使用同样的方法，可以使用【椭圆】形状绘制标准圆，使用【直线】形状绘制垂直或水平直线，如下图所示。

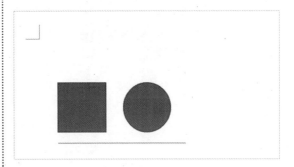

第 11 章

表格制作——使用 Excel 2021

本章导读

Excel 2021 提供了创建工作簿和工作表、输入和编辑数据、计算表格数据、分析表格数据等基本操作，可以方便地记录和管理数据。本章就以制作年度产品销售统计分析表为例，介绍使用 Excel 制作表格的方法与技巧。

思维导图

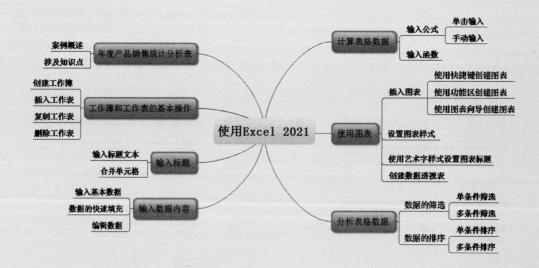

11.1 年度产品销售统计分析表

使用 Excel 2021可以快速制作各种销售统计分析报表和图表，并对销售信息进行整理和分析。

11.1.1 案例概述

每年年终或每一季度，销售人员都会对产品的销售情况进行汇总与统计，为来年或下一季度的销售提供数据并进行分析，以达到指导销售的目的。制作年度产品销售统计分析表时，需要注意以下几点。

1. 数据准确

（1）制作年度产品销售统计分析表时，选取的单元格要准确，合并单元格时要安排好合并的位置，插入的行和列要定位准确，以确保年度产品销售统计分析表的数据计算的准确性。

（2）Excel中的数据分为数字型、文本型、日期型、时间型、逻辑型等，要分清年度产品销售统计分析表中的数据是哪种类型的数据，做到数据输入准确。

2. 便于统计

（1）制作的表格要完整，产品的型号、数量、单价、销售人员等信息要准确，便于统计销售人员的业绩奖。

（2）根据公司情况，可以将年度产品销售统计分析表设计成图表类型，还可以将数据进行排序，筛选出符合条件的统计信息。

3. 界面简洁

（1）确定统计分析表的布局，避免多余数据。

（2）合并需要合并的单元格，为单元格内容保留合适的位置。

（3）字号不宜过大，单元格的标题与表头一栏的字体可以适当加大、加粗。

11.1.2 涉及知识点

制作年度产品销售统计分析表时可以按照以下思路进行。

（1）创建空白工作簿，并对工作簿进行保存与命名。

（2）合并单元格，并调整行高与列宽。

（3）在工作簿中输入文本与数据，并设置文本格式。

（4）使用公式或函数计算出表格中的数据。

（5）使用图表分析年度产品销售情况。

（6）筛选年度产品销售统计中的数据。

（7）对年度产品销售统计分析表中的数据进行排序。

11.2 工作簿和工作表的基本操作

在制作年度产品销售统计分析表时，首先要创建空白工作簿和工作表，并对创建的工作簿和工作表进行保存与命名。

11.2.1　创建工作簿

工作簿是指Excel中用来存储并处理工作数据的文件，在Excel 2021中，其扩展名是".xlsx"。通常所说的 Excel 文件指的就是工作簿文件。在使用Excel时，首先需要创建一个工作簿，具体创建方法有以下几种。

1.　启动自动创建

使用自动创建，可以快速地在Excel中创建一个空白工作簿。在制作年度产品销售统计分析表时，可以使用自动创建的方法创建一个空白工作簿，具体操作步骤如下。

第1步　启动Excel 2021后，在打开的界面中选择右侧的【空白工作簿】选项，如下图所示。

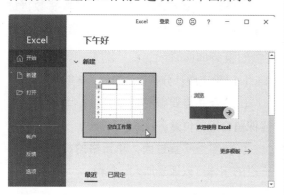

第2步　系统会自动创建一个名称为"工作簿 1"的工作簿，如下图所示。

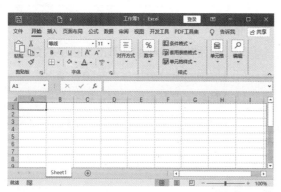

第3步　单击【文件】按钮，在弹出的界面中选择【另存为】→【浏览】选项，在弹出的【另存为】对话框中选择文件要保存的位置，并在【文件名】文本框中输入"年度产品销售统计分析表.xlsx"，单击【保存】按钮，如下图所示。

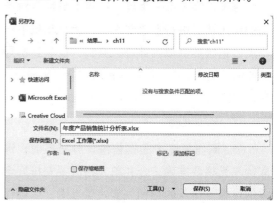

2.　使用【文件】选项卡

如果已经启动 Excel 2021，也可以再次新建一个空白工作簿。选择【文件】选项卡，在弹出的下拉列表中选择【新建】选项。在右侧【新建】区域选择【空白工作簿】选项，即可创建一个空白工作簿，如下图所示。

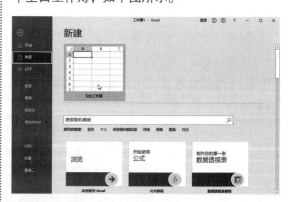

3.　使用快速访问工具栏

使用快速访问工具栏，也可以新建一个空白工作簿。单击【自定义快速访问工具栏】按

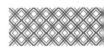

钮▾，在弹出的下拉菜单中选择【新建】选项，如下图所示。将【新建】按钮固定显示在【快速访问工具栏】中，然后单击【新建】按钮，即可创建一个空白工作簿。

4. 使用快捷键

使用快捷键也可以快速地新建一个空白工作簿。在打开的工作簿中按【Ctrl+N】组合键即可新建一个空白工作簿。

5. 使用联机模板创建销售表

启动 Excel 2021后，可以使用联机模板创建销售表，具体操作步骤如下。

第1步 选择【文件】选项卡，在弹出的下拉列表中选择【新建】选项，在右侧【新建】区域出现的【搜索联机模板】搜索框中输入"销售表"，单击【开始搜索】按钮，如下图所示。

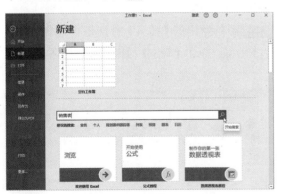

第2步 在搜查结果区域（Excel 2021中的联机模板区域），选择【蓝色销售报表】模板，如下图所示。

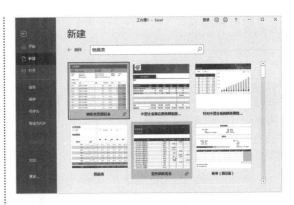

第3步 在弹出的【蓝色销售报表】模板界面，单击【创建】按钮，如下图所示。

第4步 下载完成后，Excel自动打开【蓝色销售报表】模板，如下图所示。

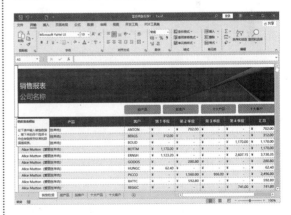

第5步 如果要使用该模板创建年度产品销售统计分析表，只需要更改工作表中的数据并且保存工作簿即可。这里单击【功能区】右上角的【关闭】按钮×，在弹出的【Microsoft Excel】对话框中单击【不保存】按钮，如下图所示。

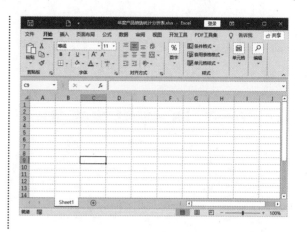

第6步 此时Excel工作界面即可返回"年度产品销售统计分析表"工作簿，如下图所示。

11.2.2 插入工作表

工作表是工作簿中的一个表。Excel 2021的一个工作簿中默认有一个工作表，用户可以根据需要插入工作表。具体插入方法有以下几种。

（1）使用功能区插入工作表，具体操作步骤如下。

第1步 在打开的Excel文件中，单击【开始】选项卡下【单元格】组中【插入】下拉按钮，在弹出的列表中选择【插入工作表】选项，如下图所示。

第2步 此时即可在工作表的前面插入一个新工作表，如下图所示。

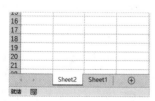

（2）使用快捷菜单插入工作表，具体操作步骤如下。

第1步 在"Sheet1"工作表标签上右击，在弹出的快捷菜单中选择【插入】选项，如下图所示。

第2步 在弹出的【插入】对话框中选择【工作表】图标，单击【确定】按钮，如下图所示。

第3步 此时即可在当前工作表的前面插入一个新工作表，如下图所示。

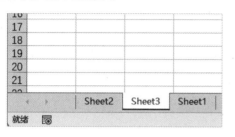

（3）使用【新工作表】按钮。单击工作表名

称后的【新工作表】按钮⊕，也可以快速插入新工作表，如下图所示。

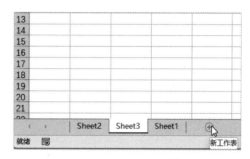

11.2.3　复制工作表

用户可以在一个或多个Excel工作簿中复制工作表，下面介绍两种方法。

（1）使用鼠标复制工作表，具体操作步骤如下。

第1步 选择要复制的工作表，按住【Ctrl】键的同时单击该工作表，拖曳鼠标让指针移动到工作表的新位置，黑色倒三角会随鼠标指针移动，如下图所示。

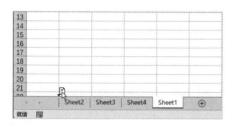

第2步 释放鼠标左键，工作表即可复制到新的位置，如下图所示。

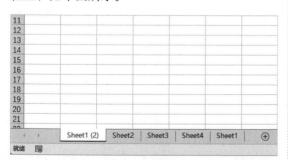

（2）使用快捷菜单复制工作表，具体操作

步骤如下。

第1步 选择要复制的工作表，在工作表标签上右击，在弹出的快捷菜单中选择【移动或复制】选项，如下图所示。

第2步 在弹出的【移动或复制工作表】对话框中，选择要复制的目标工作簿和要插入的位置，然后选中【建立副本】复选框，单击【确定】按钮，如下图所示。

| 提示 |

　　如果要将工作表复制到其他工作簿中，可以在【工作簿】下方的下拉按钮列表中选择其他打开的工作簿，将当前选中的工作表复制到其他工作簿中。

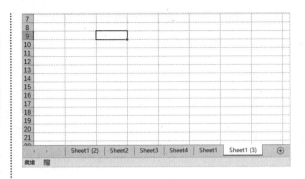

第3步 此时即可完成复制工作表的操作，如下图所示。

11.2.4 删除工作表

　　选择要删除的工作表，可以按【Ctrl】键或【Shift】键选择多个工作表，在工作表标签上右击，在弹出的快捷菜单中选择【删除】选项即可，如下图所示。

11.3 输入标题

　　一个完整的表格包括表格标题、数据内容等信息，在制作表格时，最先输入的信息就是表格的标题文本。

11.3.1 输入标题文本

　　表格中的文本内容比较多，可以是汉字、英文字母，也可以是具有文本性质的数字、空格及其他键盘能输入的符号。下面介绍表格标题文本的输入，具体操作步骤如下。

第1步 在"Sheet1"工作表中单击A1单元格，然后在编辑栏中输入文本"2021年××商贸公司产品销售统计表"，输入完毕后按【Enter】键即可，如下图所示。

第2步 按照相同的方法，输入其他标题性文本信息，如下图所示。

11.3.2 重点：合并单元格

为了使报表的信息更加清楚，经常需要为其添加一个居于首行中央的标题，此时就需要使用单元格的合并功能，而对于合并之后的单元格，用户也可以根据自己的需要进行拆分单元格的操作。合并单元格的具体操作步骤如下。

第1步 选中需要合并的多个单元格，这里选中A1:H1单元格区域，单击【开始】选项卡下【对齐方式】组中的【合并后居中】下拉按钮，在弹出的列表中选择【合并后居中】选项，如下图所示。

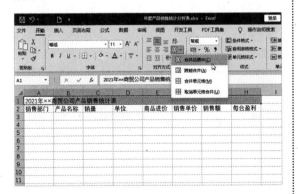

> **｜提示｜**:::::::
>
> 直接单击【合并后居中】按钮，可执行合并后居中命令。

第2步 此时即可合并选中的单元格，如下图所示。

对于合并后的单元格，要想取消合并，只需选中该单元格，再次选择【合并后居中】选项即可。

11.4 输入数据内容

向工作表中输入数据是创建工作表的第一步，工作表中可以输入的数据类型有很多种，主要包括文本、数字、小数和分数等。由于数据类型不同，因此采用的输入方法也不尽相同。

11.4.1 输入基本数据

在单元格中输入的数据主要包括两种，分别是文本和数字。下面分别介绍它们的输入方法。

1. 输入文本

单元格中的文本包括汉字、英文字母、数字和符号等。每个单元格最多可包含 32767 个字符。在单元格中输入文字和数字，Excel 会将其显示为文本形式。若输入文字，Excel 会作为文本处理；若输入数字，Excel 会将数字作为数值处理。输入文本的具体操作步骤如下。

第1步 选择要输入的单元格，从键盘上输入数据后按【Enter】键，Excel 会自动识别数据类型，并将单元格对齐方式默认设置为"左对齐"，如下图所示。

第2步 在工作表中输入其他文本数据，并调整列宽，如下图所示。

2. 输入数字

在 Excel 2021 中输入数字是最常见的操作，而且进行数字计算也是 Excel 最基本的功能，如下图所示。

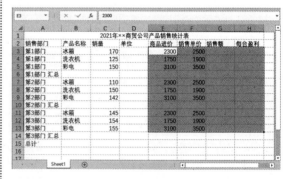

3. 设置数字格式

在 Excel 2021 中可以通过设置数字格式，使数字以不同的格式显示。设置数字格式常用的方法主要包括利用菜单命令、利用格式刷、利用复制粘贴，以及利用条件格式等。设置数字格式的具体操作步骤如下。

第1步 选择需要设置数字格式的单元格或单元格区域，这里选择 E3：H13 单元格区域，如下图所示。

第2步 按【Ctrl+1】组合键，在弹出的快捷菜单中选择【设置单元格格式】选项，打开【设置单元格格式】对话框，在【分类】列表框中选择【货币】选项，设置【小数位数】为【0】，单击【确定】按钮，如下图所示。

第3步 此时即可完成数字格式的设置,这样数字的小数位数就只精确到个位,如下图所示。

11.4.2 重点:数据的快速填充

在产品销售统计分析表中,使用Excel 2021的自动填充功能,可以方便、快捷地输入有规律的数据。有规律的数据是指等差、等比、系统预定义的数据填充序列和用户自定义的序列等。

使用填充柄可以在表格中输入相同的数据,相当于复制数据。具体操作步骤如下。

第1步 选定D3单元格,在其中输入"台",如下图所示。

第3步 松开鼠标,此时即可向下填充所选单元格,如下图所示。

第2步 将鼠标指针指向该单元格右下角的填充柄,然后拖曳鼠标指针至D13单元格,如下图所示。

第4步 删除单元格D6、D10中多余的"台"字,并选中A2:H15单元格区域，单击【开始】选项卡下【对齐方式】组中的【居中】按钮 ≡，如下图所示。

第5步 此时所选单元格区域即可居中对齐，如下图所示。

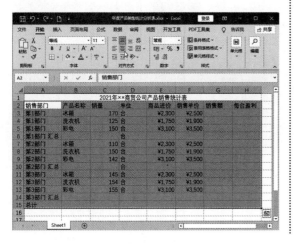

11.4.3　编辑数据

需要修改在工作表中输入的数据时，可以通过编辑栏修改数据或在单元格中直接修改。

1.　通过编辑栏修改

选中需要修改的单元格，编辑栏中会显示该单元格的信息，单击编辑栏后即可修改。例如，将A6单元格中的"第1部门 汇总"改为"汇总"，如下图所示。

2.　在单元格中直接修改

选中需要修改的单元格，直接输入信息，原单元格中的信息即被覆盖；也可以双击单元格或按【F2】键，单元格中的信息被激活，即可直接修改，如下图所示。

11.5 计算表格数据

公式和函数是 Excel 2021的重要组成部分，Excel 2021有着非常强大的计算功能，为用户计算工作表中的数据提供了很大的方便。

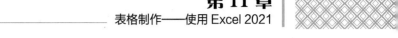

11.5.1 重点：输入公式

使用公式计算数据的首要条件就是在 Excel 表格中输入公式，常见的输入公式的方法有单击输入和手动输入两种，下面分别进行介绍。

1. 单击输入

单击输入简单、快速，不容易出问题。单击输入可以直接单击单元格引用，而不需完全靠手动输入。例如，要在H3单元格中输入公式"=F3-E3"，具体操作步骤如下。

第1步 选中H3单元格，输入等号"="，此时编辑栏里会显示"="，如下图所示。

第2步 单击F3单元格，此时F3单元格的周围会显示一个活动虚框，同时单元格引用出现在H3单元格和编辑栏中，如下图所示。

第3步 在H3单元格里输入减号"-"，如下图所示。

第4步 再单击E3单元格，将E3单元格添加到公式中，如下图所示。

第5步 单击编辑栏中的【输入】按钮✔，或者按【Enter】键结束公式的输入，在H3单元格中即可计算出F3单元格和E3单元格中数值的差，如下图所示。

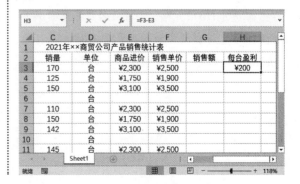

第6步 使用填充功能复制公式到其他单元格，计算出其他行的每台盈利值，然后删除H6和H10单元格值，如下图所示。

第2步 使用填充柄功能向下复制公式，即可计算出其他行的销售额。删除G6、G10单元格中的"0"值，如下图所示。

2. 手动输入

手动输入公式是指通过手动来输入公式。

第1步 在选定的单元格中先输入等号"="，再在后面输入公式。输入时，字符会同时出现在单元格和编辑栏中。例如，这里需要计算产品的销售额，在编辑栏中直接输入"=C3*F3"，然后按【Enter】键，即可计算出销售额数值，如下图所示。

11.5.2 重点：输入函数

Excel函数是一些已经定义好的公式，通过参数接收数据并返回结果。在 Excel 2021 中，输入函数的方法有手动输入和使用函数向导输入两种。其中，手动输入函数和输入普通公式一样，这里不再赘述。

下面介绍使用函数向导输入函数的方法，具体操作步骤如下。

第1步 选定H6单元格，单击【公式】选项卡下【函数库】组中的【插入函数】按钮，或者单击编辑栏的【插入函数】按钮，如下图所示。

第2步 界面会弹出【插入函数】对话框，如下图所示。

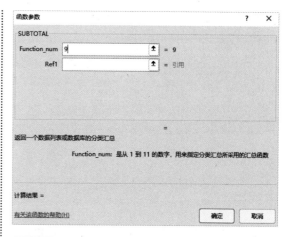

第3步 在【或选择类别】列表框中选择【数学与三角函数】选项，在【选择函数】列表框中选择【SUBTOTAL】（部分求和函数）选项，列表框的下方会出现关于该函数功能的简单提示，单击【确定】按钮，如下图所示。

第4步 界面会弹出【函数参数】对话框，在【Function_num】文本框中输入数值"9"，如下图所示。

第5步 单击【Ref1】后面的 按钮，返回工作表，选取H3单元格中的数值，如下图所示。

第6步 使用同样的方法，添加其他单元格中的数值，如下图所示。

第7步 单击【确定】按钮，即可计算出H3：H5

单元格区域的总和，如下图所示。

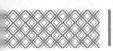

第 8 步 使用相同的函数，计算出其他部门的每

台盈利总和，如下图所示。

11.6 使用图表

在对产品的销售数据进行分析时，除了对数据本身进行分析外，还经常要使用图表来直观地表示产品销售状况，从而方便分析数据。

11.6.1 重点：插入图表

在 Excel 2021中，用户可以使用3种方法创建图表，分别是使用快捷键创建、使用功能区创建和使用图表向导创建，下面分别进行详细介绍。

1. 使用快捷键创建图表

通过【F11】键或【Alt+F1】组合键都可以快速地创建图表。不同的是，前者可创建工作表图表，后者可创建嵌入式图表。其中，嵌入式图表就是与工作表数据在一起或与其他嵌入式图表在一起的图表；而工作表图表是特定的工作表，只包含单独的图表。

使用快捷键创建图表的具体操作步骤如下。

第 1 步 选中产品销售统计表中的A2∶C5单元格区域，如下图所示。

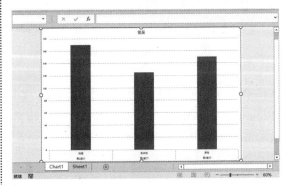

第 2 步 按【F11】键，即可插入一个名为"Chart1"的工作表图表，并根据所选区域的数据创建该图表，如下图所示。

第3步 单击"Sheet1"标签，返回工作表，选择同样的区域，按【Alt+F1】组合键，即可在当前工作表中创建一个嵌入式图表，如下图所示。

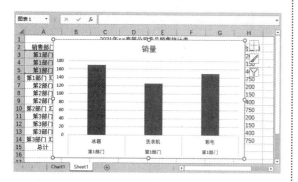

2. 使用功能区创建图表

使用功能区创建图表是最常用的方法，具体操作步骤如下。

第1步 选中产品销售统计分析表中的A2:C5单元格区域。单击【插入】选项卡下【图表】组中的【插入柱形图或条形图】按钮 **ᵈᵈ**，在弹出的下拉列表中选择【三维柱形图】选项，如下图所示。

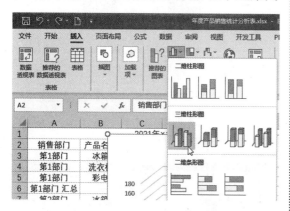

第2步 此时即可创建一个三维柱形图，如下图所示。

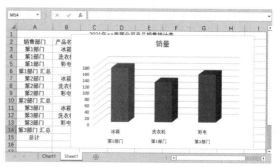

3. 使用图表向导创建图表

使用图表向导也可以创建图表，具体操作步骤如下。

第1步 选中A2:C5单元格区域，单击【插入】选项卡下【图表】组中的【推荐的图表】按钮，如下图所示。

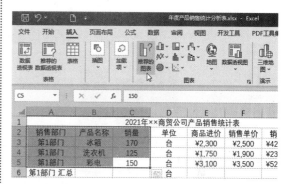

第2步 弹出【插入图表】对话框，单击【所有图表】选项卡，选择一种图表类型，单击【确定】按钮，如下图所示。

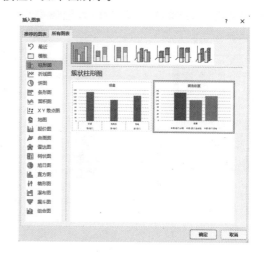

第3步 此时即可在当前工作表中创建一个图表，如下图所示。

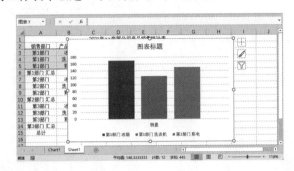

11.6.2　设置图表样式

在 Excel 2021中创建图表后，系统会根据创建的图表提供多种图表样式，具体操作步骤如下。

第1步 选中A2:C5单元格区域，新建一个图表，如下图所示。

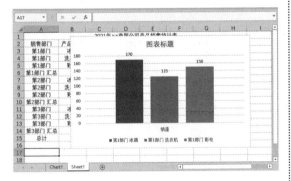

第2步 选择【图表设计】选项卡，在【图表样式】组中单击【更改颜色】按钮，在弹出的颜色面板中选择需要更改的颜色，如下图所示。

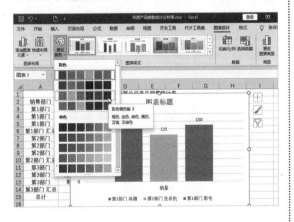

第3步 返回Excel工作表界面，可以看到更改颜色后的图表显示效果，如下图所示。

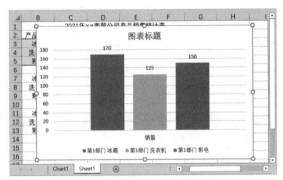

第4步 单击【图表样式】组中的【其他】按钮，打开【图表样式】面板，在其中选择需要的图表样式，如下图所示。

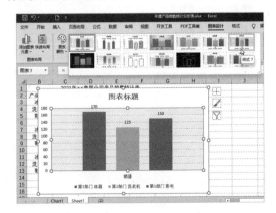

11.6.3 使用艺术字样式设置图表标题

用户可以为图表中的文字添加艺术字样式,从而美化图表,具体操作步骤如下。

第1步 选中图表中的标题后,选择【格式】选项卡,单击【艺术字样式】组中的【其他】按钮，在弹出的下拉列表中选择一种艺术字样式,如下图所示。

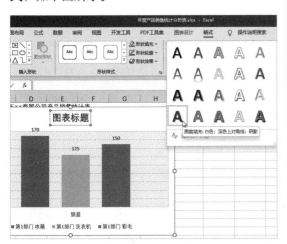

第2步 此时即可为图表的标题添加艺术字样式,效果如下图所示。

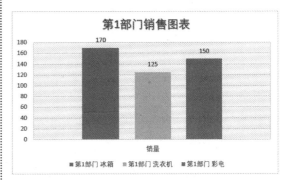

11.6.4 创建数据透视表

数据透视表是一种可以快速汇总大量数据的交互式方法,使用数据透视表可以深入分析数值数据。

创建数据透视表的具体操作步骤如下。

第1步 选中产品销售统计分析表的A2:H15单元格区域,然后单击【插入】选项卡下【表格】组中的【数据透视表】按钮，如下图所示。

第2步 此时即可打开【创建数据透视表】对话框。【表/区域】文本框中显示了选中的数据区域,在【选择放置数据透视表的位置】选项区域选中【新工作表】单选按钮,单击【确定】按钮,

如下图所示。

第3步 此时即可创建一个数据透视表框架。打开【数据透视表字段】任务窗格，如下图所示。

第4步 将"每台盈利"字段拖曳至【Σ值】区域，将"产品名称"拖曳至【列】区域，将"销售部门"拖曳至【行】区域，如下图所示。

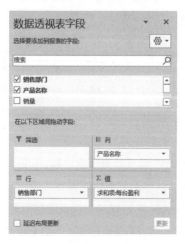

第5步 单击【关闭】按钮×，关闭【数据透视表字段】窗格，即可在新工作表中创建一个数据透视表，如下图所示。

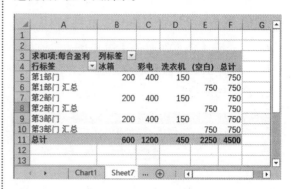

第6步 选中透视表，单击【设计】选项卡，在【数据透视表样式】组中选择一种样式，如下图所示。

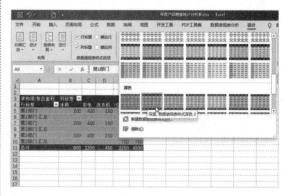

第7步 此时即可对透视表进行美化，如下图所示。

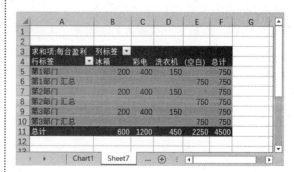

11.7 分析表格数据

使用 Excel 2021可以对表格中的数据进行简单分析，分析表格数据通常使用数据的筛选与排序功能。

11.7.1 重点：数据的筛选

使用筛选功能可以使满足用户条件的数据单独显示。Excel 2021 提供了多种筛选方法，用户可以根据需要进行单条件筛选或多条件筛选。

1. 单条件筛选

单条件筛选是将符合一个条件的数据筛选出来。例如，在产品销售统计分析表中，将产品名称为"冰箱"的销售记录筛选出来，具体操作步骤如下。

第1步 选择"Sheet1"工作表，将鼠标光标定位在产品销售统计表数据区域的任意单元格中，如下图所示。

第2步 单击【数据】选项卡下【排序和筛选】组中的【筛选】按钮，进入自动筛选状态，此时在标题行每列的右侧会出现一个下拉按钮，如下图所示。

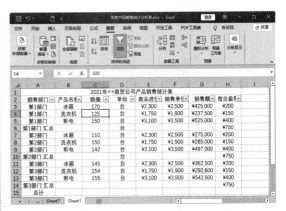

第3步 单击【产品名称】列右侧的下拉按钮，在弹出的下拉列表中取消选中【全选】复选框，选中【冰箱】复选框，然后单击【确定】按钮，如下图所示。

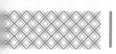
第4步 此时系统将筛选出产品名称为"冰箱"的销售记录，其他记录则被隐藏起来，如下图所示。

2. 多条件筛选

多条件筛选是将符合多个条件的数据筛选出来。例如，将销售表中销售部门为"第1部门"和"第3部门"的销售记录筛选出来，具体操作步骤如下。

第1步 单击【排序和筛选】组中的【筛选】按钮，进入自动筛选状态。单击【销售部门】列右侧的下拉按钮，在弹出的下拉列表中取消选中【全选】复选框，选中【第1部门】复选框和【第3部门】复选框，然后单击【确定】按钮，如下图所示。

第2步 此时系统将筛选出"第1部门"和"第3部门"的销售记录，其他记录则被隐藏起来，如下图所示。

11.7.2 重点：数据的排序

通过 Excel 2021 的排序功能，可以将数据表中的内容按照特定的规则排序。Excel 2021 提供了多种排序方法，用户可以根据需要进行单条件排序或多条件排序，也可以按照行、列进行排序等。

1. 单条件排序

单条件排序是依据一个条件对数据进行排序。例如，要对产品销售统计表中的"销量"进行升序排序，具体操作步骤如下。

第1步 将鼠标光标定位在"销量"列中的任意单元格，如下图所示。

第2步 单击【数据】选项卡下【排序和筛选】组中的【升序】按钮，即可对该列进行升序排

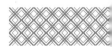

序，如下图所示。

2. 多条件排序

多条件排序是依据多个条件对数据表进行排序。因单条件排序时会出现多个相同数据，此时使用多条件排序，可通过添加多个条件以实现多个维度的排序。例如，要对产品销售统计分析表中的"销量"进行升序排序，同时对"销售额"也进行升序排序，具体的操作步骤如下。

第1步 将鼠标光标定位在产品销售统计分析表数据区域的任意单元格，然后在【数据】选项卡下单击【排序和筛选】组中的【排序】按钮，如下图所示。

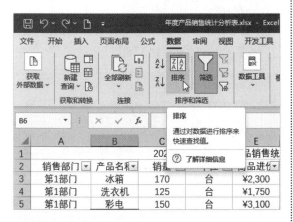

第2步 弹出【排序】对话框，单击【主要关键字】右侧的下拉按钮，在弹出的下拉列表中选择【销量】选项。使用同样的方法，设置【排序依据】和【次序】分别为【单元格值】和【升序】，

如下图所示。

第3步 单击【添加条件】按钮，将添加一个【次要关键字】，如下图所示。

第4步 这时【次要关键字】为【销售额】，【排序依据】为【单元格值】，【次序】为【升序】。设置完成后，单击【确定】按钮，如下图所示。

第5步 此时系统将按设置的条件进行升序排序，如下图所示。

在 Excel 2021中，多条件排序最多可设置64个关键字。如果进行排序的数据没有标题行，或者想让标题行也参与排序，则在【排序】对话框中取消选中或选中【数据包含标题】复选框即可。

制作企业产品进销存管理表

企业产品进销存管理表能够有效辅助企业解决业务管理、分销管理、存货管理、营销计划的执行和监控、统计信息的收集等方面的业务问题。对于一些小型企业来说，产品的进销存量不太大，没有那么复杂，没有必要花钱购买一套专业的进销存软件，所以利用Excel制作简单的进销存表格就是一个很好的选择。

一个进销存管理表至少要包括物料编号、名称、数量、单价和总金额等信息，制作这类表格时，要做到数据准确、重点突出、分类简洁，使读者快速明了表格信息，可以方便地对表格进行编辑操作。

下面就以制作企业产品进销存管理表为例进行介绍，具体操作步骤如下。

1. 创建空白工作簿

新建一个空白工作簿，重命名为"进销存管理表"，如下图所示。

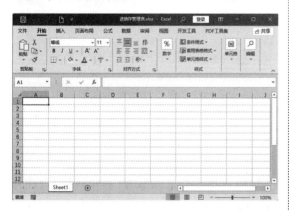

2. 输入标题文本

输入进销存管理表中的标题文本，合并单元格并调整行高与列宽，并设置工作簿中的文本段落格式、文本对齐方式，如下图所示。

3. 输入数据内容

在工作表中，根据实际情况输入物品信息，并对数据进行计算，如下图所示。

4. 设置数据的格式

适当调整输入数据后的行高和列宽，并对工作表添加边框、设置标题和填充颜色，如下图所示。

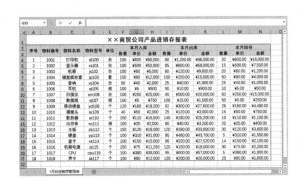

◇ **使用"快速填充"合并多列单元格**

使用填充柄可以快速合并多列单元格，具体操作步骤如下。

第1步 启动Excel 2021，新建一个空白文档，然后选中需要合并的单元格区域，这里选择A1:D1单元格区域，并进行合并居中，如下图所示。

第2步 将鼠标指针移到A1单元格的右下角，当鼠标指针变成╋形状时，按住鼠标左键向下拖动至A7:D7单元格区域，即可快速将多列单元格区域合并成一个单元格，如下图所示。

◇ **筛选多个表格的重复值**

如果多个表格中有重复值，并且需要将这些重复值筛选出来，那么可以使用下面介绍的方法。例如，从所有部门的员工名单中筛选出编辑部的员工，具体操作步骤如下。

第1步 打开"\素材\ch11\筛选多个表格中的重复值.xlsx"文件，如下图所示。

第2步 选中A2:A14单元格区域，然后单击【数据】选项卡下【排序和筛选】组中的【高级】按钮，即可打开【高级筛选】对话框，如下图所示。

第3步 选中【方式】选项区域的【将筛选结果复制到其他位置】单选按钮，然后单击【条件区域】文本框右侧的 按钮，即可打开【高级筛选-条件区域】对话框，拖曳鼠标选中"Sheet2"工作表中的A2:A8单元格区域，如下图所示。

第4步 单击 按钮，即可返回【高级筛选】对话框，然后按照相同的方法，选择【复制到】文本框中的单元格区域，单击【确定】按钮，如下图所示。

第5步 此时即可筛选出两个表格中的重复值，如下图所示。

第 12 章

演示文稿——
使用 PowerPoint 2021

⊜ 本章导读

    PowerPoint 2021 是微软公司推出的 Office 2021 办公系列软件中的一个重要组成部分，主要用于幻灯片制作，如可以用来创建和编辑幻灯片、播放会议与网页的演示文稿，从而使会议或授课变得更加直观、丰富。本章就以制作新年工作计划暨年终总结为例，介绍使用 PowerPoint 2021 制作演示文稿的方法与技巧。

⊙ 思维导图

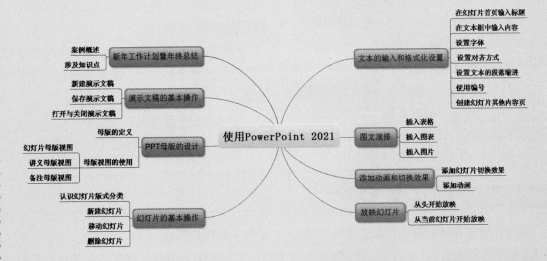

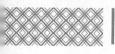

 12.1 新年工作计划暨年终总结

新年工作计划是人们对新一年工作的展望，年终总结是人们对一年来的工作、学习进行回顾和分析，从中找出经验和教训，引出规律性认识，以指导今后的工作和实践活动的一种应用文体。年终总结包括一年来的情况概述、成绩和经验、存在的问题和教训等。

12.1.1 案例概述

一份美观、全面的新年工作计划和年终总结 PPT，既可以提高对自己的认知，也可以获得领导及同事的认可。制作新年工作计划暨年终总结时，需要注意以下几点。

1. 内容要全面

一份完整的年终总结要包括以下几个方面。

（1）总结必须有概述和叙述。这部分内容主要是对工作的主客观条件、有利和不利条件及工作的环境和基础等进行分析。

（2）成绩和缺点。这是总结的中心，总结的目的就是要肯定成绩，找出缺点。成绩有哪些，有多大，表现在哪些方面，是怎样取得的；缺点有多少，表现在哪些方面，是什么性质的，怎样产生的，都应讲清楚。

（3）经验和教训。做过一件事，总会有经验和教训，为便于今后的工作，须对以往工作的经验和教训进行分析、研究、概括、集中，并上升到理论的高度来认识。

（4）今后的打算。根据今后的工作任务和要求，吸取前一年工作的经验和教训，明确努力方向，提出改进措施等。

2. 数据要直观

（1）忌长篇大作，年终总结应实事求是，少讲空话。新年工作计划要从实际出发，提出的目标要高于往年。

（2）如今是数字时代，故数据多多益善，但"数字是枯燥的"，最好把数据做成折线统计图、扇形统计图、条形统计图、对比表格等种种直观、可视的图表。

3. 界面要简洁

（1）确定演示文稿的布局，避免多余幻灯片。

（2）尽量添加图片、图表与表格等直观性元素。

（3）字号不宜过大，字数不宜过多，但首张幻灯片的标题字体可以适当加大、加粗。

12.1.2 涉及知识点

制作新年工作计划暨年终总结演示文稿时可以按以下思路进行。

（1）创建空白演示文稿，并对演示文稿进行保存与命名。

（2）设计幻灯片母版类型，以方便幻灯片

的统一制作与修改。

（3）新建幻灯片，根据实际情况在幻灯片中输入文本，并设置文本格式。

（4）使用图片、表格、图表等元素美化幻灯片。

（5）为幻灯片添加切换效果，以及为幻灯片元素添加动画效果。

（6）使用不同的方法放映幻灯片。

12.2 演示文稿的基本操作

美轮美奂的演示文稿给人一种美的享受，如果想掌握精美演示文稿的制作方法，就需要先了解演示文稿的基本操作。

12.2.1 新建演示文稿

在 PowerPoint 2021 中，新建演示文稿的方法有以下几种。

1. 启动时创建

在 PowerPoint 2021 启动时创建演示文稿的具体操作步骤如下。

第1步 启动 PowerPoint 2021 后，在打开的界面中选择右侧的【空白演示文稿】选项，如下图所示。

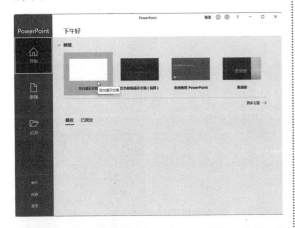

第2步 系统会自动创建一个名为"演示文稿1"的演示文稿，如下图所示。

2. 通过【文件】选项卡创建

第1步 在启动的演示文稿中选择【文件】选项卡，进入【文件】界面，如下图所示。

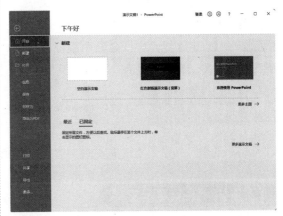

第2步 选择【新建】选项卡，进入【新建】界面，选择【空白演示文稿】选项，如下图所示。

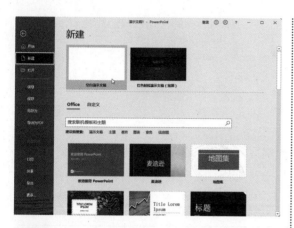

第3步 此时即可创建空白演示文稿，如下图所示。

3. 使用模板创建演示文稿

使用系统自带的模板可以创建演示文稿，具体操作步骤如下。

第1步 在【新建】界面中，会显示系统自带的所有模板样式，如下图所示。

第2步 选择需要的模板样式，打开模板创建界面，单击【创建】按钮，如下图所示。

第3步 此时即可创建一个演示文稿，如下图所示。

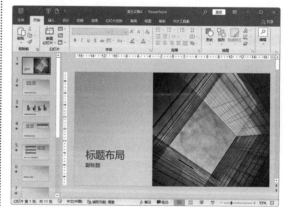

12.2.2 保存演示文稿

演示文稿编辑完毕后需要保存起来，具体操作步骤如下。

第1步 选择【文件】选项卡，在打开的界面中选择【另存为】选项，然后单击【浏览】按钮，如下图所示。

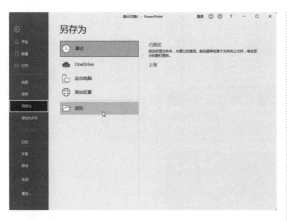

第2步 打开【另存为】对话框，在【文件名】文本框中输入文件的名称，然后在【保存类型】下拉列表中选择演示文稿的保存类型，单击【保存】按钮，如下图所示。

第3步 此时即可完成演示文稿的保存操作。

如果打开的演示文稿是已经保存的，那么重新编辑后，如果保存的位置不变，则直接单击【快速访问工具栏】中的【保存】按钮即可，如下图所示。如果是重新保存到其他位置，只要按照保存新建演示文稿的方法进行保存即可。

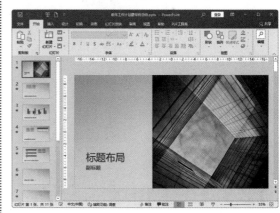

12.2.3 打开与关闭演示文稿

只有打开演示文稿才能进行查看，查看后还需要将演示文稿关闭，这是一个连贯性的操作，缺了哪一步都是不完整的。

1. 打开演示文稿

如果要查看编辑过的演示文稿，就需要选择【文件】选项卡，在打开的界面中选择【打开】选项，然后选择【浏览】选项，打开【打开】对话框，选中要打开的演示文稿，单击【打开】按钮，即可打开想要查看的演示文稿，如下图所示。

2. 关闭演示文稿

演示文稿编辑保存之后就可以将其关闭，关闭的方法也不止一种，可以选择【文件】选项卡，然后单击【关闭】按钮，也可以直接单击窗口右上角的关闭按钮关闭演示文稿，如下图所示。

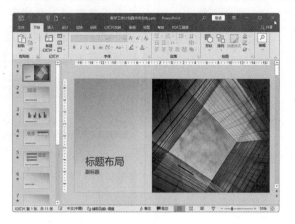

12.3 PPT 母版的设计

幻灯片母版决定着整个演示文稿的外观，包括颜色、字体、背景、效果和其他所有内容，用户可以在幻灯片母版上插入形状或其他图形等，它就会自动显示在所有幻灯片上。

12.3.1 母版的定义

幻灯片母版是幻灯片层次结构中的顶层幻灯片，用于存储有关演示文稿的主题和幻灯片版式的信息，包括背景、颜色、字体、效果、占位符大小和位置等。

每个演示文稿至少包含一个幻灯片母版。修改和使用幻灯片母版的主要优点是可以对演示文稿中的每张幻灯片（包括以后添加到演示文稿中的幻灯片）进行统一的样式更改。使用幻灯片母版时，无须在多张幻灯片中重复输入相同的信息，这样可以为用户节省很多时间。

12.3.2 重点：母版视图的使用

PPT的母版视图包括幻灯片母版视图、讲义母版视图和备注母版视图3种。

1. 幻灯片母版视图

通过幻灯片母版视图可以快速制作出多张具有特色的幻灯片，包括设计母版的占位符大小、背景颜色及字体大小等。设计幻灯片母版的具体操作步骤如下。

第1步 单击【视图】选项卡下【母版视图】组中的【幻灯片母版】按钮，如下图所示。

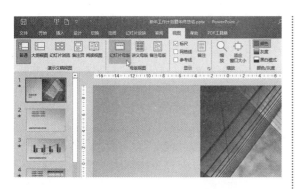

第2步 进入【幻灯片母版】设计环境，在【幻灯片母版】选项卡中可以设置占位符的大小及位置、背景设计和幻灯片的方向等，如下图所示。

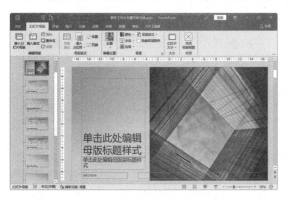

第3步 选择"标题和内容 版式"幻灯片，在【幻灯片母版】选项卡下的【背景】组中单击【背景样式】按钮，在弹出的下拉列表中选择合适的背景样式，如下图所示。

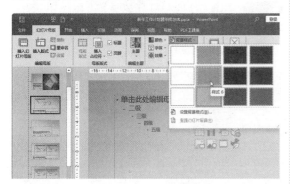

第4步 此时的背景样式即可应用于当前幻灯片中，如下图所示。

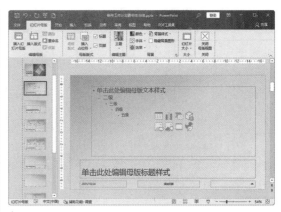

第5步 单击要更改的占位符，当四周出现小节点时，可拖曳四周的任意一个节点更改其大小，如下图所示。

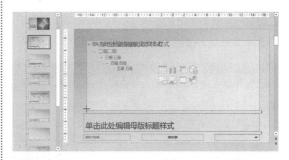

第6步 在【开始】选项卡下的【字体】组中可以对占位符中文本的字体样式、字号、颜色及段落格式等进行设置，如下图所示。

第7步 设置完毕后，单击【幻灯片母版】选项卡下【关闭】组中的【关闭母版视图】按钮，退出幻灯片母版视图，如下图所示。

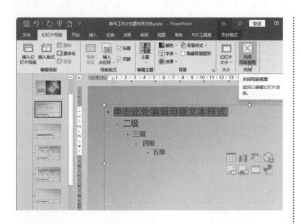

2. 讲义母版视图

讲义母版视图可以将多张幻灯片显示在一张幻灯片中，用于打印输出，具体操作步骤如下。

第1步 单击【视图】选项卡下【母版视图】组中的【讲义母版】按钮，如下图所示。

第2步 此时即可进入讲义母版视图，如下图所示。

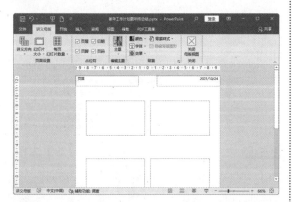

第3步 单击【讲义母版】选项卡下【页面设置】

组中的【幻灯片大小】按钮，在弹出的下拉列表中选择【自定义幻灯片大小】选项，打开【幻灯片大小】对话框，在其中可以设置幻灯片的大小、方向等，如下图所示。

第4步 单击【讲义方向】下拉按钮，在弹出的下拉列表中可以设置讲义的方向，包括【纵向】与【横向】，如下图所示。

第5步 单击【每页幻灯片数量】下拉按钮，在弹出的下拉列表中可以选择每页包含的幻灯片数量，如下图所示。

第6步 选中【讲义母版】选项卡下【占位符】组中的【页脚】【页眉】【日期】和【页码】复选框，则可以在占位符中显示页眉、页脚、日期和页码信息，如下图所示。

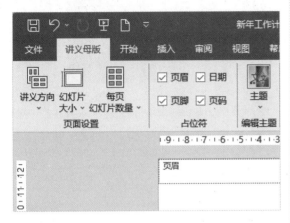

第7步 设置完毕后，单击【讲义母版】选项卡下【关闭】组中的【关闭母版视图】按钮图，退出幻灯片母版视图，如下图所示。

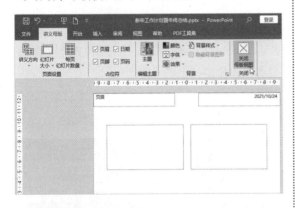

3. 备注母版视图

备注母版视图主要用于显示用户在幻灯片中的备注，其可以是图片、图表或表格等。设置备注母版的具体操作步骤如下。

第1步 单击【视图】选项卡下【母版视图】组中的【备注母版】按钮，如下图所示。

第2步 选中备注文本区的文本，选择【开始】选项卡，在此选项卡的功能区中可以设置文字的大小、颜色和字体等，如下图所示。

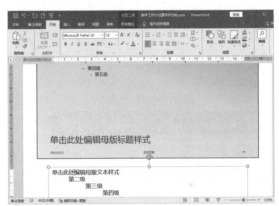

第3步 选择【备注母版】选项卡，在弹出的功能区中单击【关闭母版视图】按钮，如下图所示。

第4步 返回普通视图，在【备注】窗格中输入要备注的内容，如下图所示。

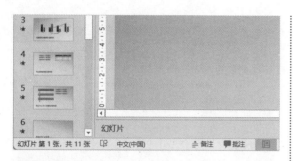
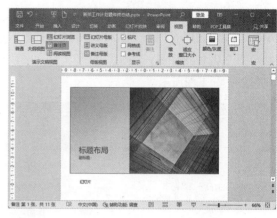

第5步 输入完毕后，单击【视图】选项卡下【演示文稿视图】组中的【备注页】按钮回 备注页 ，即可查看备注的内容及格式，如下图所示。

12.4 幻灯片的基本操作

在幻灯片演示文稿中，用户可以对演示文稿中的每一张幻灯片进行编辑操作，如常见的插入、移动和删除等。

12.4.1 认识幻灯片版式分类

幻灯片版式主要包括幻灯片上显示的全部内容，如占位符、字体格式等。PowerPoint 2021中包含标题幻灯片、标题和内容、节标题等11种内置幻灯片版式，这些版式均显示有添加文本或图形的各种占位符的位置。

在 PowerPoint 2021 的工作界面中单击【开始】选项卡下【幻灯片】组中的【版式】按钮回版式，即可在打开的面板中查看幻灯片的版式类型，如下图所示。

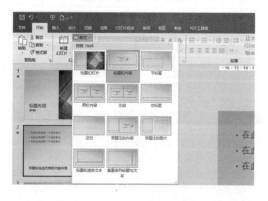

在 PowerPoint 2021 中使用幻灯片版式的具体操作步骤如下。

第1步 打开"新年工作计划暨年终总结"演示文稿，选择第2张幻灯片，如下图所示。

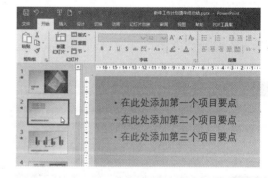

第2步 单击【开始】选项卡下【幻灯片】组中的【版式】右侧的下拉按钮回版式，在弹出的版式面板中选择一个幻灯片版式，如选择【带题注的内容】版式，如下图所示。

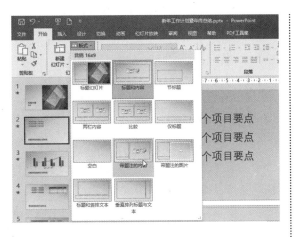

第3步 此时即可将演示文稿中第2张幻灯片的版式更换为【带题注的内容】版式的幻灯片，如下图所示。

12.4.2 新建幻灯片

演示文稿通常是由多张幻灯片组成的，因此在编辑演示文稿的过程中，随着内容的不断增加，常常需要新建幻灯片。具体方法有以下几种。

1. 通过功能区的【开始】选项卡新建幻灯片

选择【开始】选项卡，在【幻灯片】组中单击【新建幻灯片】按钮，即可直接新建一张幻灯片，如下图所示。

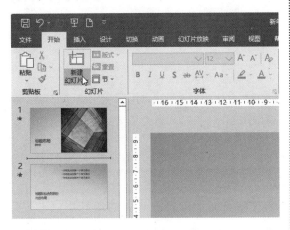

2. 使用鼠标右键新建幻灯片

在【幻灯片/大纲】窗格的【幻灯片】选项卡下的缩略图上或空白位置右击，在弹出的快捷菜单中选择【新建幻灯片】命令，如下图所示。

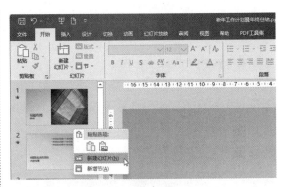

此时即可自动创建一张新幻灯片，且其缩略图显示在【幻灯片/大纲】窗格中，如下图所示。

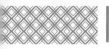

3. 使用快捷键新建幻灯片

按【Ctrl+M】组合键也可以快速创建新的幻灯片。

12.4.3 移动幻灯片

移动幻灯片可以改变幻灯片演示的播放顺序。在大纲编辑窗口中使用鼠标直接拖曳幻灯片即可完成幻灯片的移动，如下图所示。

此外，在幻灯片浏览视图中选中要移动的幻灯片，然后按住鼠标左键不放，将其拖曳至合适的位置后释放鼠标，也可以实现幻灯片的移动操作，如下图所示。

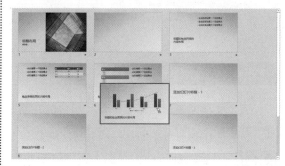

12.4.4 删除幻灯片

对于不再需要的幻灯片可以将其删除，具体操作步骤如下。

第1步 选中需要删除的幻灯片，如下图所示。

第2步 直接按【Delete】键，或者右击，然后在弹出的快捷菜单中选择【删除幻灯片】选项，如下图所示。

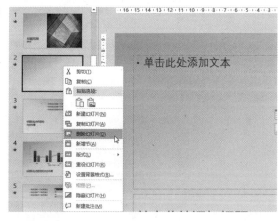

第3步 此时即可删除选中的幻灯片，如下图所示。

另外，如果不小心误删除了某一张幻灯片，可单击【快速工具栏】中的【撤销】按钮恢复幻灯片。

12.5 文本的输入和格式化设置

编辑演示文稿的第一步就是向演示文稿中输入文本信息，内容包括文字、各类符号、公式等。

12.5.1 在幻灯片首页输入标题

在幻灯片首页输入标题的具体操作步骤如下。

第 1 步 打开需要输入文字的演示文稿，单击提示输入标题的占位符，此时占位符中会出现闪烁的光标，如下图所示。

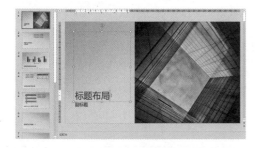

第 2 步 在占位符中输入标题"2022年工作计划暨 2021年工作总结"，并根据需要调整占位符及文字大小，然后单击占位符外的任意位置即可完成输入，如下图所示。

第 3 步 单击"副标题"占位符，在其中输入相应的内容，如下图所示。

12.5.2　在文本框中输入内容

文本框是输入文本的地方，在幻灯片中可以插入横排和竖排两种类型的文本框，还可以对文本框进行复制、删除及设置文本框样式等操作。幻灯片中"文本占位符"的位置是固定的，如果想在幻灯片的其他位置输入文本，可以通过绘制一个新的文本框来实现。在文本框中输入文本的具体操作步骤如下。

第1步 选中第2张幻灯片，删除该幻灯片中的占位符，如下图所示。

第2步 选择【插入】选项卡，进入【插入】界面，然后单击【文本】组中的【文本框】按钮，在弹出的下拉列表中选择【绘制横排文本框】选项，如下图所示。

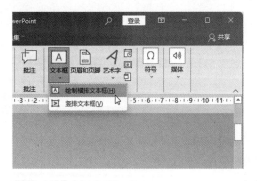

第3步 在要添加文本框的位置绘制一个横排文本框，如下图所示。

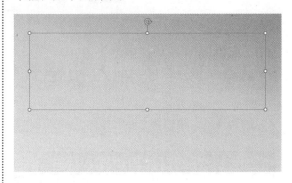

第4步 在绘制的横排文本框中输入幻灯片的文本信息，如下图所示。

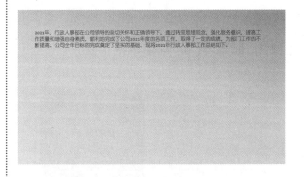

12.5.3　设置字体

对于文字的设置，主要包括对字体格式、字体大小、字体样式与颜色进行设置。选中要设置的字体后，可以在【开始】选项卡的【字体】组中或【字体】对话框中进行设置。

1. 字体设置

选中需要设置的字体，单击【开始】选项卡下【字体】组中的【字体】按钮，即可打开【字体】对话框，如下图所示。

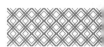

下面介绍【字体】对话框中各项命令的作用与使用方法。

（1）【西文字体】命令和【中文字体】命令：PowerPoint默认的字体为宋体，用户如果需要对字体进行修改，可以先选中文本，在【西文字体】的下拉列表中选择当前文本所需要的字体类型，如下图所示。

如果需要对文字应用样式，可以先选中文本，在【字体样式】的下拉列表中选择当前文本所需要的字体样式，如下图所示。

（2）【字体样式】命令：通过【字体样式】命令可以对文字应用一些样式，如倾斜、加粗或加粗倾斜，使当前文本更加突出、醒目，如下图所示。

（3）【大小】命令：如果需要对文字的大小进行设定，可以先选中文本，再在【大小】文本框中输入精确的数值来确定当前文本所需要的字号，如下图所示。

下面通过具体的实例介绍 PowerPoint 中字体设置的具体操作步骤。

第1步 选中要进行字体设置的文本，如下图所示。

第2步 单击【开始】选项卡下【字体】组中的【字体】下拉按钮，在弹出的下拉列表框中选择【微软雅黑】选项，如下图所示。

第3步 设置字体的大小，如下图所示。

第4步 使用同样方法，设置副标题的字体和大小，效果如下图所示。

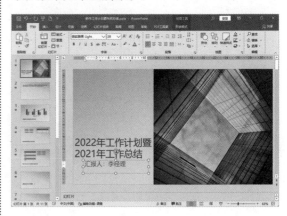

2. 颜色设置

PowerPoint 2021 默认的文字颜色为黑色。如果需要设定字体的颜色，可以先选中文本，具体操作步骤如下。

下面通过具体的实例介绍PowerPoint 2021中颜色设置的具体操作步骤。

第1步 选中要进行字体颜色设置的文本，如下图所示。

第2步 单击【开始】选项卡下【字体】组中的【字体颜色】下拉按钮▲▼，从弹出的下拉列表中选择需要的颜色，如选择【主题颜色】组中的【浅蓝，背景 2，深色 25%】选项，如下图所示。

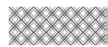

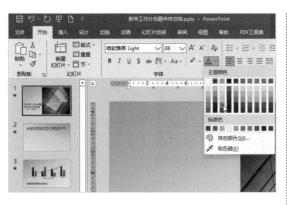

效果如下图所示。

第3步 此时字体颜色即可设置为浅蓝色，最终

12.5.4 设置对齐方式

段落对齐方式包括左对齐、右对齐、居中对齐、两端对齐和分散对齐。单击【段落】组右下角的【段落】按钮 ▫️ ，在弹出的【段落】对话框中也可以对段落进行对齐方式的设置，如下图所示。

下面通过具体的实例介绍PowerPoint 2021中设置段落对齐方式的具体操作步骤。

第1步 选中幻灯片中的文本，单击【开始】选项卡下【段落】组中的【居中】按钮 ☰ ，如下图所示。

第2步 此时即可将文本居中，如下图所示。

第3步 调整标题字符框的位置，效果如下图所示。

12.5.5　重点：设置文本的段落缩进

段落缩进方式主要包括左缩进、右缩进、悬挂缩进和首行缩进等。

将鼠标光标定位在要设置的段落中，单击【开始】选项卡下【段落】组右下角的 按钮，弹出【段落】对话框，在【缩进】区域可以设置缩进的具体数值，如下图所示。

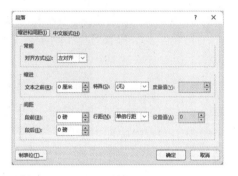

下面通过具体的实例介绍在PowerPoint 2021中设置段落缩进的具体操作步骤。

第1步 选择第2张幻灯片的文本内容，根据需求设置字体，如下图所示。

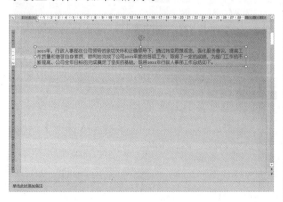

第2步 将鼠标光标定位在要设置的段落中，打开【段落】对话框，在【缩进】区域的【特殊】下拉列表中选择【首行】选项，将【度量值】设置为【1.27厘米】，并在【间距】选项区域将【行距】设置为【1.5倍行距】，单击【确定】按钮，如下图所示。

第3步 此时即可完成文本的缩进设置，如下图所示。

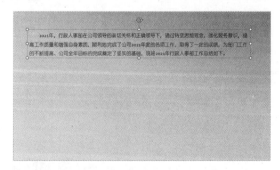

第4步 设置字体为"幼圆"，字号为"28"，效果如下图所示。

2021年，行政人事部在公司领导的亲切关怀和正确领导下，通过转变思想观念，强化服务意识，提高工作质量和增强自身素质，顺利地完成了公司2021年度的各项工作，取得了一定的成绩，为部门工作的不断提高、公司全年目标的完成奠定了坚实的基础，现将2021年行政人事部工作总结如下。

12.5.6　重点：使用编号

对有序的文字进行排版时，为了方便识别和阅读，可以使用编号的形式进行排序。使用 PowerPoint【编号】功能的具体操作步骤如下。

第1步 新建一张空白幻灯片，添加一个文本框并输入"目录"，设置文字的字体及大小。然后输入幻灯片的目录内容，如下图所示。

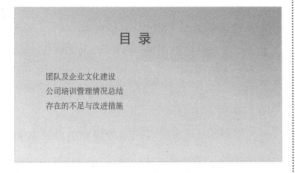

第2步 选中幻灯片中的目录内容，并单击【编号】按钮 ≡ ，在弹出的下拉列表中选择要使用的编号，如下图所示。

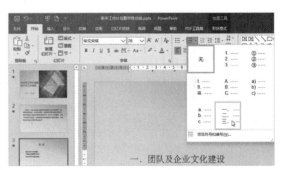

返回该张幻灯片，即可看到添加编号后的效果，如下图所示。

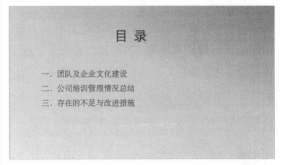

12.5.7　创建幻灯片其他内容页

创建了目录页后，即可根据目录大纲创建幻灯片的其他内容页。

第1步 创建"一、团队及企业文化建设"幻灯片页，输入文本内容，并设置标题、字体及段落格式等，如下图所示。

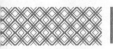

一、团队及企业文化建设

思想认识水平的高低是影响工作质量的首要因素。我们在统一认识上下功夫，不断强化员工对部门职能的认识，以求真、务实、高效为目标，充分做到"人人有事做、事事有落实"，同时下大力气强化了员工"全员"的服务理念，从细小环节入手，培养员工服务领导、服务基层的技能。

每周召开一次工作例会，在总结工作的同时，积极充分地听取基层员工的呼声、意见、合理化建议或批评。不定期开展团队活动，组织员工进行爱卫生、爱护园区周边环境的宣传等活动，增强员工的凝聚力和向心力。

第2步 创建"二、公司培训管理情况总结"幻灯片页，输入文本内容，设置段落格式，效果如下列图组所示。

二、公司培训管理情况总结

根据公司发展的需要，公司全年累计公共培训次数如下表所示。

公司内部培训及员工成绩统计情况如下图表所示。

第3步 创建"三、存在的不足与改进措施"幻

灯片页，效果如下列图组所示。

三、存在的不足与改进措施

1.存在不足
　　① 服务意识不够
　　② 内部组织结构有待完善
2.改进措施
　　① 加强服务，树立良好风气
　　② 优化内部组织结构

1.加强服务，树立良好风气

（1）变被动为主动，对公司工作的重点、难点和热点问题，力求考虑在前、服务在前。特别是行政部分管仓库、采购、车辆、办公耗材管控及办公设备维护、保养等日常工作。使工作有计划，落实有措施，完成有记录，做到积极主动。

（2）在工作计划中，每月都突出1～2个"重点"工作。做到工作有重点、有创新，改变行政部工作等待领导来安排的习惯。

（3）在创新与工作作风上有所突破。在工作思路、工作方法等方面不断改进和创新，适应公司发展的需要，做到工作有新举措，推动行政部工作不断迈向高水平、踏上新台阶。

2.优化内部组织结构

（1）调整组织结构，根据人员需求开展招聘工作
（2）执行差异性的员工绩效考核
（3）稳妥办理员工异动和离职，避免劳资纠纷
（4）做好员工薪酬、福利工作

以上幻灯片创建完成后，删除模板中多余的幻灯片即可。

12.6 图文混排

在幻灯片中加入图表、图片或表格，可以使幻灯片的内容更加丰富。同时，如果能在制作的幻灯片中插入各种多媒体元素，幻灯片的内容将会更加富有感染力。

12.6.1 重点：插入表格

在幻灯片中创建表格的方法不止一种，但使用最为广泛的就是通过对话框的方式来创建，具体操作步骤如下。

第1步 选中第 5 张幻灯片，单击【插入】选项卡下【表格】组中的【表格】下拉按钮，在弹出的选项中选择【插入表格】选项，如下图所示。

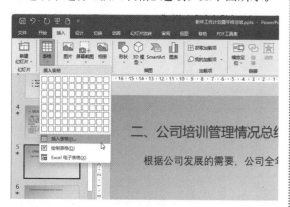

第2步 弹出【插入表格】对话框，在【列数】文本框中输入表格的列数，在【行数】文本框中输入表格的行数，单击【确定】按钮，如下图所示。

第3步 此时即可插入表格，效果如下图所示。

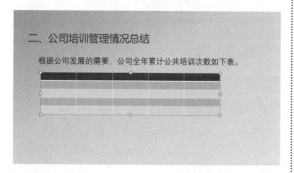

第4步 根据实际情况在表格中输入相应的内容，如下图所示。

表格插入完毕后，还需要对插入的表格进行编辑，如设置表格的外观，具体操作步骤如下。

第1步 选定要设置的表格，然后选择【表格工具-设计】选项卡，在【表格样式】组中单击按钮，从弹出的菜单中选择一种表格样式，如下图所示。

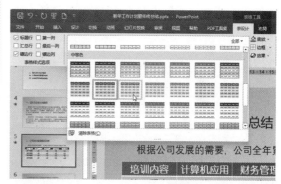

第2步 此时即可为所选表格设置外观，如下图所示。

12.6.2 重点：插入图表

图表比文字更能直观地展示数据，且图表的类型也是各式各样的，如饼图、折线图和柱形图等。插入图表的具体操作步骤如下。

第1步 选中第6张幻灯片，单击【插入】选项卡下【插图】组中的【图表】按钮，如下图所示。

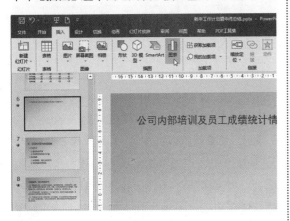

第2步 打开【插入图表】对话框，在其中选择要使用的图形，然后单击【确定】按钮即可，如下图所示。

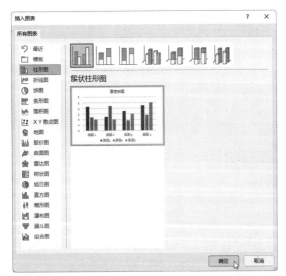

第3步 系统会自动弹出【Microsoft PowerPoint 中的图表】窗格，根据提示输入需要显示的数据，如下图所示。

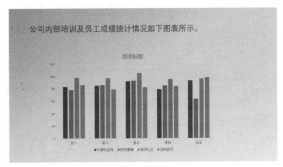

第4步 输入完毕，关闭Excel表格，即可插入一个图表，如下图所示。

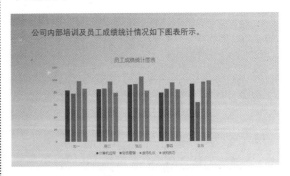

第5步 在"图表标题"文本框中输入标题，如下图所示。

第6步 PowerPoint中内置了多种图表样式，用户可以根据需求调整图表样式。单击【图表工具-图表设计】→【图表样式】→【其他】按钮，在弹出的下拉列表中进行选择，并实时查看预览效果，如下图所示。

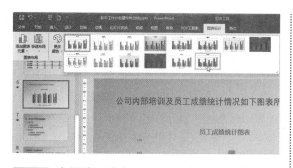

第7步 应用该图表样式后，效果如下图所示。

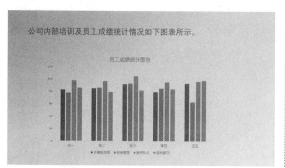

第8步 单击【图表工具-图表设计】选项卡下【图表布局】组中的【添加图表元素】按钮，可以添加图表的元素，如数据标签、图例、网格线等，下图为添加了数据标签的效果。

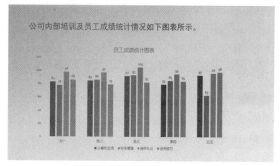

12.6.3 插入图片

在制作幻灯片时，适当插入一些图片，可达到图文并茂的效果。插入图片的具体操作步骤如下。

第1步 在打开的演示文稿中新建一张空白幻灯片，单击【插入】选项卡下【图像】组中的【图片】下拉按钮，在弹出的选项中选择【图像集】选项，如下图所示。

第2步 弹出对话框后，在搜索文本框中输入要搜索的图片，或通过图片分类选择要插入的图片，然后单击【插入】按钮，如下图所示。

第3步 此时即可将图片插入幻灯片中，拖曳鼠标调整图片的大小和位置，效果如下图所示。

第4步 选择图片，单击【图片工具-图片格式】选项卡下【调整】组中的【删除背景】按钮，如下图所示。

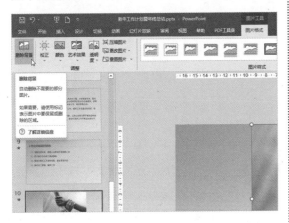

第5步 通过单击【标记要保留的区域】按钮或【标记要删除的区域】按钮，调整图片要保留或删除的背景区域，设置完成后，单击【保留更改】按钮，如下图所示。

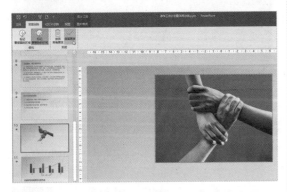

第6步 此时即可删除图片的背景，单击【插入】选项卡下的【艺术字】按钮，在弹出的列表中

选择要应用的艺术字，如下图所示。

第7步 在弹出的艺术字文本框中输入要设置的文字，并根据情况调整字体大小及位置，如下图所示。

前行有路，感谢有你

最后，删除演示文稿中多余的幻灯片。这样，一个简单的年终总结报告就基本完成了。

12.7 添加动画和切换效果

在放映演示文稿之前，如果能够设计好幻灯片放映的切换效果，并添加一定的动画效果，则可以在一定程度上增强幻灯片的展示效果。

12.7.1 重点：添加幻灯片切换效果

1. 添加细微型切换效果

幻灯片的切换效果包括细微型切换效果、华丽型切换效果和动态内容切换效果，这几种切换效果的添加方法是一样的。下面以添加细微型切换效果为例，来介绍添加幻灯片切换效果的方法，具体操作步骤如下。

第1步 打开演示文稿，切换到普通视图状态，选择演示文稿中的一张幻灯片缩略图作为要添加切换效果的幻灯片，如下图所示。

提示

由于案例中使用的模板包含切换效果，因此幻灯片上显示了切换效果标识，用户可以根据情况添加新的切换效果，也可以保持默认的模板效果。

第2步 单击【切换】选项卡下【切换到此幻灯片】组中的【其他】按钮，在弹出的下拉列表中的【细微】选项区域选择一个细微型切换效

果，如选择【分割】选项，即可为选中的幻灯片添加分割的切换效果，如下图所示。

第3步 添加了细微型分割效果的幻灯片在放映时即可显示此切换效果，下图所示为切换效果的部分截图。

第4步 单击【效果选项】按钮，在弹出的下拉列表中，可以设置切换效果，如选择【左右向中央收缩】选项，【分割】效果则会由两侧向中间收缩，如下图所示。

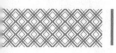
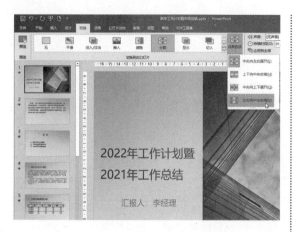

|提示|::::::

　　如果需要向演示文稿中的所有幻灯片应用相同的幻灯片切换效果，可以单击【切换】选项卡下【计时】组中的【应用到全部】按钮来实现，如下图所示。

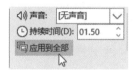

2. 为切换效果添加声音

　　为幻灯片切换效果添加声音的具体操作步骤如下。

第1步　选中演示文稿中的一张幻灯片缩略图，单击【切换】选项卡下【计时】组中【声音】右侧的下拉按钮✓，如下图所示。

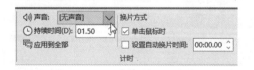

第2步　在弹出的下拉列表中选择需要的声音效果，如选择【风铃】选项，即可为切换效果添加风铃声音效果，如下图所示。

3. 设置效果的持续时间

　　在切换幻灯片时，可以为其设置持续的时间，从而控制切换的速度，以便查看幻灯片的内容。

　　选中演示文稿中的一张幻灯片缩略图，在【转换】选项卡下【计时】组中的【持续时间】文本框中输入所需的速度，如输入"01.50"，也可将持续时间的速度更改为下图所示的"03.00"。

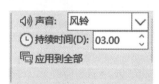

4. 设置换片方式

　　在放映幻灯片时，可以根据自己的需要来设置换片方式。PowerPoint 2021中的换片方式主要有两种，分别是单击鼠标时切换和自动切换。用户可以在【切换】选项卡下【计时】组中的【换片方式】选项区域设置幻灯片的换片方式。

　　下面通过一个具体的实例来介绍设置单击时换片的具体操作步骤。

第1步　选中演示文稿中的第2张幻灯片，如下图所示。

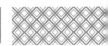

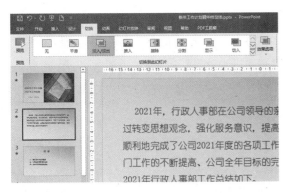

第2步 在【切换】选项卡下【计时】组的【换片方式】选项区域选中【单击鼠标时】复选框，可以设置单击鼠标来切换幻灯片，如下图所示。

第3步 选中演示文稿中的第 3 张幻灯片，如下图所示。

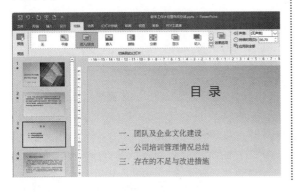

第4步 在【切换】选项卡下【计时】组的【换片方式】选项区域取消选中【单击鼠标时】复选框，选中【设置自动换片时间】复选框，并设置换片时间为 5 秒，如下图所示。

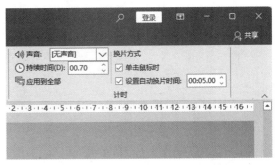

第5步 设置第 3 张幻灯片换片至第 4 张幻灯片的切换时间后，放映幻灯片时，第 3 张幻灯片将在 5 秒后自动切换至第 4 张幻灯片。

另外，如果【单击鼠标时】复选框和【设置自动换片时间】复选框同时被选中，则切换时既可以单击鼠标切换，也可以在设置的自动切换时间后自动切换，如下图所示。

12.7.2 重点：添加动画

PowerPoint 2021 为用户提供了多种动画元素，如进入、强调、退出及动作路径等，使用这些动画效果可以让观众的注意力集中在要点或控制信息上，还可以提高幻灯片的趣味性。

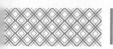

1. 创建进入动画

下面以创建进入动画为例，来介绍为幻灯片添加动画的方法，具体操作步骤如下。

第1步 选择幻灯片中要创建进入动画效果的文字，如下图所示。

第2步 单击【动画】选项卡下【动画】组中的【其他】按钮，在弹出的下拉列表中选择【进入】选项区域的【缩放】选项，如下图所示。

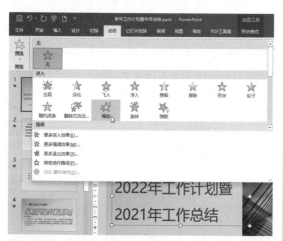

第3步 添加动画效果后，文字对象前面将显示一个动画编号标记 1，如下图所示。

第4步 如果【进入】动画区域中没有自己想要的动画效果，则可以在【动画】下拉列表中选择【更多进入效果】选项，如下图所示。

第5步 打开【更改进入效果】对话框，在其中选择需要添加的进入动画效果，最后单击【确定】按钮即可，如下图所示。

使用同样的方法可设置其他幻灯片的动画效果。

12.8 放映幻灯片

默认情况下，幻灯片的放映方式为普通手动放映，用户可以根据实际需要来设置幻灯片的放映方法，如自动放映、自定义放映和排列计时放映等。

12.8.1 从头开始放映

放映幻灯片一般是从头开始放映的，具体操作步骤如下。

第1步 打开"新年工作计划暨年终总结"演示文稿，选中第1张幻灯片，如下图所示。

第2步 单击【幻灯片放映】选项卡下【开始放映幻灯片】组中的【从头开始】按钮，如下图所示。

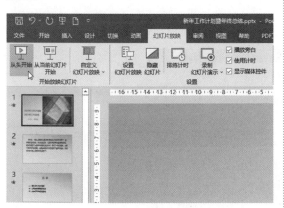

第3步 此时演示文稿将从头开始播放幻灯片，如下图所示。

第4步 单击鼠标按【Enter】键或【Space】键，即可切换到下一张幻灯片，如下图所示。

2021年，行政人事部在公司领导的亲切关怀和正确领导下，通过转变思想观念，强化服务意识，提高工作质量和增强自身素质，顺利地完成了公司2021年度的各项工作，取得了一定的成绩，为部门工作的不断提高、公司全年目标的完成奠定了坚实的基础，现将2021年行政人事部工作总结如下。

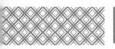

12.8.2 从当前幻灯片开始放映

放映幻灯片时可以从选定的当前幻灯片开始放映，具体操作步骤如下。

第1步 打开"新年工作计划暨年终总结"演示文稿，选中第3张幻灯片。单击【幻灯片放映】选项卡下【开始放映幻灯片】组中的【从当前幻灯片开始】按钮，如下图所示。

第2步 演示文稿即可从当前幻灯片开始播放幻灯片，如下图所示。

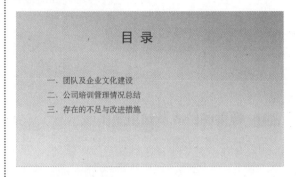

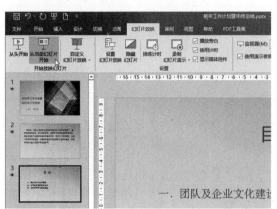

设置并放映房地产楼盘宣传活动策划案

宣传策划的核心是打造品牌，为品牌推广服务，一份完整的宣传活动策划案包括活动目的、活动对象、活动时间与地点等。房地产楼盘的宣传活动策划案，主要包括楼房户型介绍、小区周边配套基础设施介绍、投资升值空间介绍等。制作这样的演示文稿时，要以图片和数字为主，文字介绍为辅，使读者快速明晰演示文稿的信息。下图所示为房地产楼盘宣传活动策划案演示文稿的首页。

1. 设计楼盘宣传策划案 PPT 母版

第1步 启动PowerPoint 2021，新建一个空白演示文稿，如下图所示。

第2步 在【视图】选项卡中，单击【母版视图】组中的【幻灯片母版】按钮，切换到幻灯片母版视图，并在左侧列表中单击选择第1张幻灯片，如下图所示。

第3步 通过插入图片、设置母版标题文本框中的字体与段落格式来创建幻灯片母版，最终的效果如下图所示。

2. 设计楼盘宣传策划案幻灯片首页

第1步 在【单击此处编辑母版标题样式】文本框中输入"海滨国际"，并设置文字的大小、位置及格式，如下图所示。

第2步 在【插入】选项卡下单击【插图】组中的【形状】按钮，在弹出的下拉列表中选择【矩形】选项，在幻灯片中插入矩形，并设置形状样式，如下图所示。

第3步 在形状中输入文本，并设置文本的颜色、大小等格式，如下图所示。

第4步 在首页幻灯片中插入两张图片，在【图片工具】→【格式】→【图片样式】组中设置图

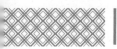

片样式，效果如下图所示。

3. 制作幻灯片其他内容页

第1步 单击【开始】选项卡下的【新建幻灯片】按钮，在弹出的下拉列表中选择新建幻灯片的版式，新建其他幻灯片，如下图所示。

第2步 通过插入图片、形状、文字等方法来添加幻灯片内容，并设置幻灯片内容的格式，美化其他幻灯片的效果，如下图所示。

第3步 最后制作幻灯片的结束页效果，如下图所示。至此，就完成了房地产楼盘宣传活动策

划案演示文稿的制作。

4. 放映幻灯片

第1步 单击【幻灯片放映】选项卡下【开始放映幻灯片】组中的【从头开始】按钮，如下图所示。

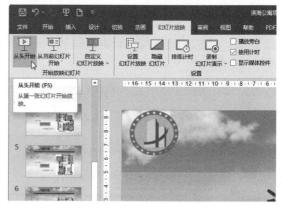

第2步 演示文稿即可从头开始播放幻灯片，如下图所示。

◇ **使用取色器为 PPT 配色**

PowerPoint 2021具有【取色器】功能，相当于Photoshop中的吸管功能，使用该功能可以快速为PPT配色，具体操作步骤如下。

第1步 在设计演示文稿中打开"素材文件\ch12技巧1"，选择要填充的文本框、形状或文字等。这里选择一种形状，单击【绘图工具】→【格式】选项卡下【形状样式】组中的【形状轮廓】按钮【形状轮廓·】，在弹出的下拉列表中选择【取色器】选项，如下图所示。

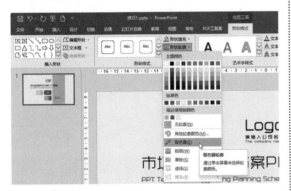

第2步 此时，鼠标光标变为 ✎ 形状，在幻灯片上单击任意一点，拾取该颜色，如下图所示。

第3步 此时即可将拾取的颜色填充到文本框中，效果如下图所示。

◇ **使用动画刷快速复制动画效果**

在 PowerPoint 2021中，可以使用动画刷快速复制一个对象的动画，并将其应用到另一个对象上。使用动画刷快速复制动画效果的具体操作步骤如下。

第1步 选中幻灯片中创建过动画的对象，单击【动画】选项卡下【高级动画】组中的【动画刷】按钮，如下图所示，此时幻灯片中的鼠标指针变为动画刷的形状。

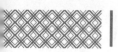

第 2 步 在幻灯片中，使用动画刷单击要设置动画效果的对象，即可应用复制的动画效果，如下图所示。

第4篇

系统优化篇

第13章

安全优化——
电脑的优化与维护

📤 本章导读

　　随着使用电脑的时间越来越长，电脑中被浪费的空间也越来越多，用户需要及时对其进行优化和管理，包括电脑进程的管理与优化、电脑磁盘的管理与优化、清除系统中的垃圾文件、查杀病毒等，从而提高电脑的性能。本章介绍电脑的优化与维护。

✈ 思维导图

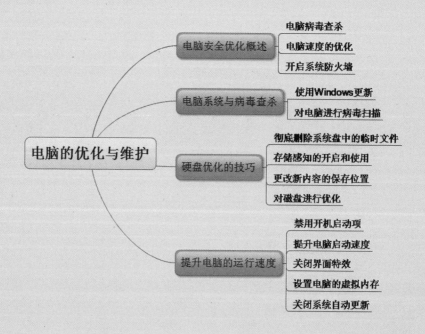

13.1 电脑安全优化概述

随着电脑大范围地普及和应用，电脑安全优化问题已经成为电脑使用者面临的最大问题，而电脑病毒的不断出现，且迅速蔓延，也要求用户要做好系统安全的防护，并及时优化系统，从而提高电脑的性能。对电脑安全优化主要从以下几个方面进行。

1. 电脑病毒查杀

使用杀毒软件可以保护电脑系统的安全，可以说杀毒软件是电脑安全必备的软件之一。随着电脑用户对病毒危害认识的逐渐加深，杀毒软件也被逐渐重视起来，各式各样的杀毒软件如雨后春笋般出现在市场中。常见的电脑病毒防御查杀软件有 360 安全卫士、腾讯电脑管家等。360 安全卫士如下图所示。

2. 电脑速度的优化

对电脑速度进行优化是系统安全优化的一个方面，用户可以通过整理磁盘碎片、更改软件的安装位置、减少启动项、转移虚拟内存和用户文件的位置、禁止不同的服务、更改系统性能设置，以及对网络进行优化等手段来实现。管理启动项界面如下图所示。

3. 开启系统防火墙

防火墙可以是软件，也可以是硬件，它能够检查来自网络的信息，然后根据防火墙设置阻止或允许这些信息进入计算机系统。可以说防火墙是内部网络、外部网络及专用网络与外网之间的保护屏障，防火墙界面如下图所示。

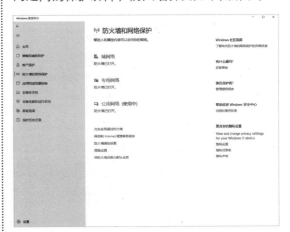

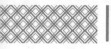

13.2 实战 1：电脑系统与病毒防护

信息化社会面临着电脑系统安全问题的严重威胁，如系统漏洞、木马病毒等，本节介绍电脑系统的更新与病毒的防护。

13.2.1 重点：使用 Windows 更新

Windows更新是系统自带的用于检测系统最新版本的工具，使用Windows 更新可以下载并安装最新系统，以便修复系统中的漏洞，防止病毒威胁，具体操作步骤如下。

第1步 按【Windows+I】组合键，打开【设置】面板，选择【Windows更新】选项，在右侧面板单击【检查更新】按钮，如下图所示。

第2步 当有可供安装的更新项目时，界面即会显示可更新列表，单击【立即安装】按钮，如下图所示。

第3步 此时系统即会下载更新，并显示更新进

度，如下图所示。

| 提示 |

部分更新项目会要求重启电脑，根据提示重启电脑即可。

第4步 系统更新完成后，再次打开【Windows更新】界面，在其中可以看到"你使用的是最新版本"的提示信息，如下图所示。

第5步 单击【更新历史记录】，打开【更新历史记录】界面，可以查看近期的更新历史记录，如下图所示。

第6步 返回【Windows更新】界面，单击【高级选项】，打开【高级选项】设置界面，可以设置更新选项，如下图所示。

13.2.3 重点：对电脑进行病毒扫描

Windows Defender是Windows 11系统中内置的安全防护软件，主要用于帮助用户抵御间谍软件和其他潜在有害软件的攻击。

第1步 单击任务栏右下角的Windows Defender图标，如下图所示。

> **提示**
>
> 当Windows Defender的图标为时，表示电脑当前安全性正常；当图标为时，表示当前电脑安全性异常；当图标为时，表示当前电脑安全性差。

第2步 此时即可打开【Windows安全中心】界面，查看安全仪表板。可以选择左侧的菜单选项，也可以在仪表板中单击对应的图标进入对应的操作面板，这里单击【病毒和威胁防护】图标选项，如下图所示。

第3步 进入【病毒和威胁防护】界面，单击【快速扫描】按钮，如下图所示。

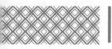

第4步 此时即可进行快速扫描，如下图所示。

第5步 当系统提示没有威胁时，则表示当前电脑没有被病毒威胁，如下图所示。

> **提示**
>
> 当用户在电脑中安装了其他防护软件，如360安全卫士、电脑管家等，则默认调用所安装的防护软件进行病毒扫描，如下图所示。

第6步 用户可以单击【扫描选项】，进入其界面，选择【快速扫描】【完全扫描】【自定义扫描】和【Microsoft Defender脱机版扫描】单选项，根据需求进行扫描。

另外，当电脑遭遇病毒并被防护软件拦截威胁时，系统则会弹出通知框，用户可选择对病毒文件进行处理，具体操作步骤如下。

第1步 单击弹出的通知框，如下图所示。

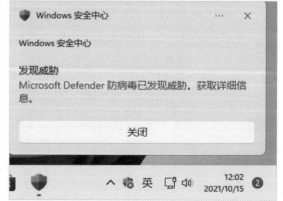

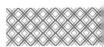

第2步 打开【Windows安全中心】面板，进入【保护历史记录】界面，即可看到被处理的威胁信息，单击该条保护记录，如下图所示。

【操作】按钮，在弹出的选项中，如果选择【隔离】选项，则可将其与电脑隔离；如果选择【删除】选项，则可将其从电脑中删除；如果是软件误判，可以选择【允许在设备上】选项，则该文件可继续使用，如下图所示。

第3步 此时即可查看详细的处理信息，单击

13.3 实战 2：硬盘优化的技巧

磁盘用久了，经常会产生各种各样的问题，要想让磁盘高效地工作，就要注意平时对磁盘的管理。

13.3.1 重点：彻底删除系统盘中的临时文件

在安装专业的垃圾清理软件前，用户可以手动清理磁盘垃圾和临时文件，为系统盘"瘦身"，具体操作步骤如下。

第1步 按【Windows+I】组合键，打开【设置】面板，选择【系统】→【存储】选项，如下图所示。

项，如下图所示。

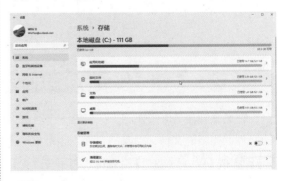

第2步 进入【存储】界面，单击【临时文件】选

第3步 进入【临时文件】页面，在下方勾选要删除的临时文件复选框，单击【删除文件】按

钮，如下图所示。

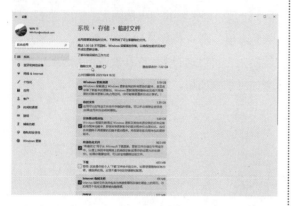

第4步 在弹出的提示框中单击【继续】按钮，如下图所示。

第5步 系统开始自动清理磁盘中不需要的文件，并显示清理的进度，如下图所示。

另外，在【系统-存储】界面中，单击【清理建议】选项，如下图所示。

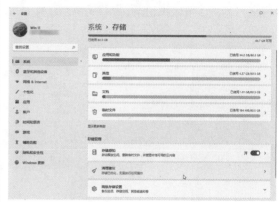

进入【清理建议】页面，可以对临时文件、大型文件或未使用的文件进行清理，如下图所示。

13.3.2 重点：存储感知的开启和使用

存储感知是Windows 11系统中一个有关文件清理的功能，开启该功能后，系统会删除不需要的文件，如临时文件、回收站文件、下载文件等，释放更多的空间。

第1步 按【Windows+I】组合键，打开【设置】面板，选择【系统】→【存储】选项，如下图所示。

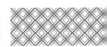

第2步 进入【存储】界面，在【存储管理】区域将【存储感知】按钮设置为"开"，即可开启该功能，Windows便可删除不需要的临时文件，释放更多的空间。单击【存储感知】选项，如下图所示。

第3步 此时即可进入【存储感知】界面，如下图所示。

第4步 设置运行存储感知的时间。用户可以在【运行存储感知】下拉列表中选择时间，包括每天、每周及每月，如下图所示。

第5步 用户还可以设置长时间未使用的临时文件的删除规则。如可以设置将"回收站"文件夹中存在的超过设定时长的文件删除，如下图所示。

第6步 另外，也可以设置将"下载"文件夹中存在的超过设定时长未被打开的文件自动删除，如下图所示。

第7步 单击【立即运行存储感知】按钮，可以立即清理符合条件的临时文件，并释放空间，如下图所示。

第8步 清除临时文件后，系统即会提示释放的磁盘空间大小，如下图所示。

13.3.3 重点：更改新内容的保存位置

在Windows 11系统中，用户可以设定新项目的保存位置，如应用的安装位置、下载文件的存储位置、媒体文件的保存位置等，这样可以节省系统盘的空间。

第1步 按【Windows+I】组合键，打开【设置】面板，选择【系统】→【存储】选项，如下图所示。

第2步 进入【存储】界面，单击【高级存储设置】右侧的【展开】按钮，在展开的选项中，单击【保存新内容的地方】选项，如下图所示。

第3步 进入【保存新内容的地方】界面，即可看到应用、文档、音乐、照片和视频、电影和电视节目、离线地图的默认保存地址都在系统盘，如下图所示。

第4步 如果要更改某项目的保存位置，单击其下方的展开按钮，即可选择其他磁盘。如单击【新的应用将保存到】下方的展开按钮，即可打开磁盘下拉列表，选择要保存的磁盘，如下图所示。

第5步 选择后单击【应用】按钮，即可应用设置的位置。使用同样的方法，也可以对其他类型文件的保存位置进行更改，如下图所示。

第6步 使用同样的方法，修改其他内容要保存的磁盘，如下图所示。

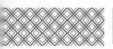
13.3.4 重点：对磁盘进行优化

随着时间的推移，用户在保存、更改或删除文件时，卷上会产生碎片。磁盘碎片整理程序可以重新排列卷上的数据并重新合并碎片数据，有助于计算机更高效地运行。在 Windows 11 操作系统中，磁盘碎片整理程序可以按计划自动运行，用户也可以手动运行该程序或更改该程序的使用计划。具体操作步骤如下。

第1步 打开【存储】界面，单击【高级存储设置】右侧的【展开】按钮，在展开的选项中单击【驱动器优化】选项，如下图所示。

第2步 弹出【优化驱动器】对话框后，在其中选择需要优化的磁盘，单击【优化】按钮，如下图所示。

第3步 此时即可对磁盘进行整理，界面会显示当前进度，如下图所示。

第4步 优化完成后，界面会显示当前的状态。完成后，单击右上角的【关闭】按钮即可，如下图所示。

| 提示 |

单击【更改设置】按钮，打开【优化驱动器】对话框，在其中可以设置优化驱动器的相关参数，如频率、驱动器等，设置完成后单击【确定】按钮，系统会根据设置好的计划自动整理磁盘碎片并优化驱动器，如下图所示。

13.4 实战 3：提升电脑的运行速度

电脑使用一段时间后，会产生一些垃圾文件，包括被强制安装的插件、上网缓存文件、系统临时文件等，需要通过各种方法来对系统进行优化处理。本节将介绍如何对系统进行优化。

13.4.1 重点：禁用开机启动项

在电脑启动的过程中，自动运行的程序被称为开机启动项，开机启动项会浪费大量的内存空间，并减慢系统启动速度。因此，要想加快开机速度，就必须禁用一部分开机启动项。

禁用开机启动项的具体操作步骤如下。

第1步 按【Windows+I】组合键，打开【设置】面板，选择【应用】→【启动】选项，如下图所示。

第2步 进入【启动】界面，即可看到开机启动的应用列表，如下图所示。

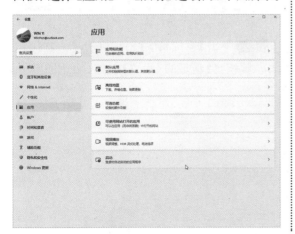

第3步 在程序的右侧，将开关设置为"关"，即可禁止开机启动，如下图所示。

另外，也可以按【Ctrl+Shift+Esc】组合键，

打开【任务管理器】窗格，单击【启动】选项卡，将要禁止的开机程序设置为禁用。

13.4.2 重点：提升电脑启动速度

除通过禁用一些开机启动项提升启动速度外，还可以通过其他设置来提升电脑的启动速度，具体操作步骤如下。

第1步 右击桌面上的【此电脑】图标，在弹出的快捷菜单中选择【属性】选项，如下图所示。

第2步 打开【关于】面板，单击【高级系统设置】选项，如下图所示。

第3步 弹出【系统属性】对话框后，单击【启动和故障恢复】区域的【设置】按钮，如下图所示。

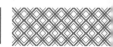

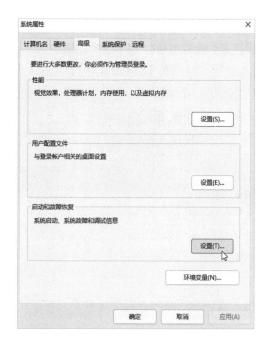

第4步 打开【启动和故障恢复】对话框，取消勾选【显示操作系统列表的时间】和【在需要时显示恢复选项的时间】复选框，单击【确定】按钮即可完成设置，如下图所示。

13.4.3 关闭界面特效

　　虽然Windows 11操作系统在UI方面做了大量优化，提升了系统的美感，但是对于一些硬件配置较低的电脑，却会浪费内存资源，影响电脑的运行流畅度。如果硬件配置较低，可以将其关闭，使电脑保持最佳状态，具体步骤如下。

第1步 打开【系统属性】对话框，单击【性能】区域的【设置】按钮，如下图所示。

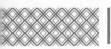

第2步 弹出【性能选项】对话框后，在【视觉效果】选项卡下选中【调整为最佳性能】单选项，单击【确定】按钮即可完成设置，如下图所示。

另外，按【Windows+I】组合键打开【设置】面板，在【辅助功能】→【视觉效果】界面中，将【始终显示滚动条】【透明效果】【动画效果】的开关按钮设置为"关"，也可以减少内存资源的占有率，如下图所示。

13.4.4 重点：设置电脑的虚拟内存

电脑和手机一样，所有运行的程序都需要经过内存（RAM）来运行，也就是常用的运行内存。电脑中的运行内存指内存条的大小，目前主流的内存条大小有 8GB、16GB 和 32GB，如果电脑的运行内存较小，又需要运行大型软件，如 Photoshop、AutoCAD 及 3D 游戏等，会收到内存不足的提示，这时可以设置电脑的虚拟内存来满足电脑的运行需求。简单来说，就是将电脑的存储硬盘作为内存，来弥补内存的不足。

下面介绍虚拟内存的设置方法。

第1步 打开【系统属性】对话框，单击【性能】区域的【设置】按钮，如下图所示。

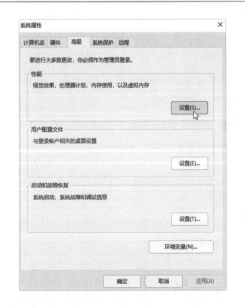

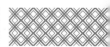

第2步 弹出【性能选项】对话框后，在【高级】选项卡下单击【更改】按钮，如下图所示。

第3步 勾选【自动管理所有驱动器的分页文件大小】复选框，虚拟内存将会被自动分配，如下图所示。

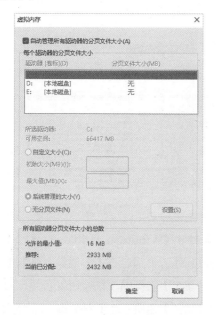

第4步 也可以手动分配虚拟内存。取消勾选

【自动管理所有驱动器的分页文件大小】复选框，选择要分配的驱动器，并选中【自定义大小】单选项，在【初始大小】和【最大值】中输入要设置的内存大小，如下图所示，就可以完成分配。

提示

虚拟内存不一定要设置在系统盘，也可以是D盘、E盘，用户可根据硬盘空间情况决定。自定义的大小值可根据电脑日常使用情况进行调整，如运行大型软件或进行大数据量内存交换时，可以打开【任务管理器】对话框，在【性能】选项卡中单击【内存】，查看内存使用率情况，其显示比正常内存高即可，如下图所示。

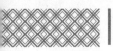

第5步 如果不需要使用虚拟内存，则选中【无分页文件】单选项即可。

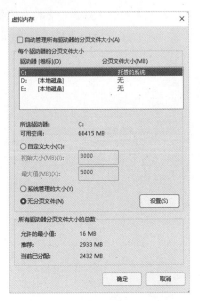

提示

内存和硬盘读写速度差异较大，启用虚拟内存后会大大降低系统运行速度。因此如果内存足够，不经常使用大型软件，可以将其关闭，以提高系统运行的流畅度。

第6步 设置完成后，单击【确定】按钮，弹出【Microsoft Windows】提示框后，重启电脑即可生效。

13.4.5 关闭系统自动更新

虽然"自动更新"功能可以确保电脑系统得到及时更新，修补漏洞，更新功能，但是"自动更新"一直在后台运行，会占用一定的网络及硬盘资源，电脑就有可能出现卡顿的问题。用户可以根据自己的习惯，确定是否将其关闭，下面介绍关闭的方法。

第1步 右击桌面上的【此电脑】图标，在弹出的快捷菜单中选择【管理】选项，如下图所示。

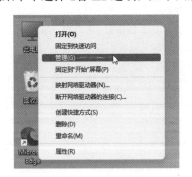

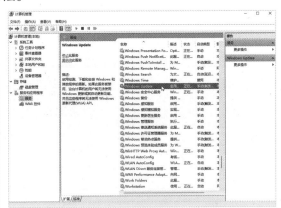

第2步 打开【计算机管理】窗口，单击左侧导航栏中【服务和应用程序】下的【服务】选项，右侧界面即会显示【服务】列表，找到【Windows Update】服务并双击，如下图所示。

第3步 弹出【Windows Update的属性（本地计算机）】对话框后，在【常规】选项卡下，单击【启动类型】右侧的下拉按钮，在弹出的列表中选择【禁用】选项，如下图所示。

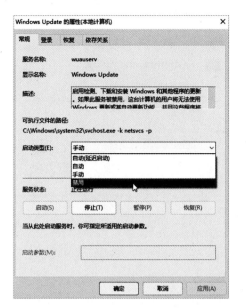

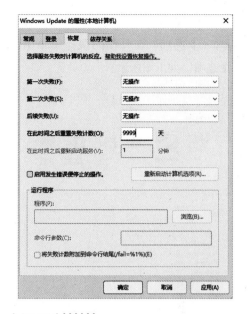

第4步　单击【恢复】选项卡，将【第一次失败】【第二次失败】【后续失败】后面的操作设置为【无操作】，并将【在此时间之后重置失败计数】的数值设置得越大越好，如"9999"，然后单击【确定】按钮，即可完成设置，如下图所示。

| 提示 |::::::::

　　如果要进行系统更新，可在【设置】面板下的【Windows更新】中进行更新，具体方法可参见13.2.1小节。

举一反三

修改桌面文件的默认存储位置

　　用户在使用电脑时一般都会把系统安装到C盘，很多桌面图标也随之产生在C盘，但当桌面文件越来越多时，电脑的开机速度就会受到影响，电脑的响应时间也会变长。如果系统崩溃导致重装电脑，桌面文件就会丢失。

　　桌面文件的存储位置默认在C盘，如果用户把桌面文件存储路径修改到其他盘符，上述问题就不会存在了。那么如何修改桌面文件的默认存储位置呢？下面介绍详细的设置步骤。右图所示为桌面文件默认的存储位置。

　　修改桌面文件默认存储位置的具体操作步骤如下。

第1步 打开【此电脑】窗口，右击左侧导航栏中的【桌面】选项，在弹出的快捷菜单中选择【属性】选项，如下图所示。

第2步 弹出【桌面 属性】对话框后，可以发现其中显示了桌面文件的存储位置、大小、日期等信息，如下图所示。

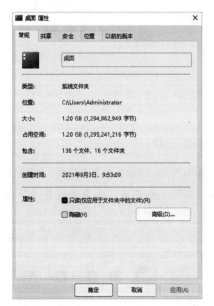

第3步 单击【位置】选项卡，进入下图所示界面，单击【移动】按钮。

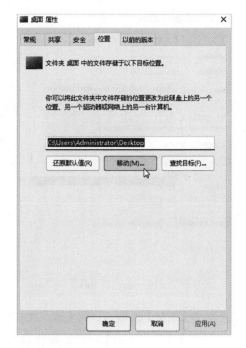

> **提示**
>
> 也可以在路径文本框中直接输入目标位置路径。

第4步 弹出【选择一个目标】对话框，然后选择其他磁盘位置。这里选择D盘下的"Desktop"文件夹，单击【选择文件夹】按钮，如下图所示。

第5步 此时即可看到新的路径，单击【确定】按钮，如下图所示。

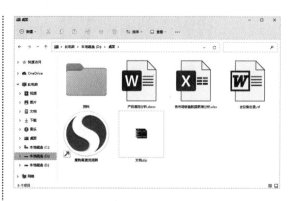

用户可以使用同样的方法，将【文档】的位置移动到其他盘。【文档】里面存储了较多应用的缓存文件，极占系统盘空间。

第6步 在弹出的【移动文件夹】对话框中确认新位置路径无误后，单击【是】按钮，如下图所示。

第7步 此时原C盘中的文件即会移动到新位置，并显示完成进度，如下图所示。

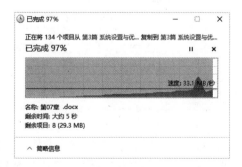

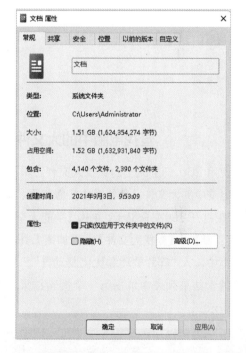

如果需要将这些文档的所在位置恢复到系统盘，可以在【位置】选项卡下单击【还原默认值】按钮，系统即会恢复原有路径，单击【确定】按钮，即可完成移动，如下图所示。

第8步 完成后即可在新位置中看到原桌面文件，如下图所示。也可以通过文件的【属性】对话框查看当前存储位置。

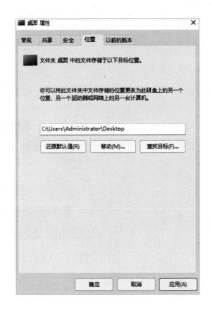

◇ 查找电脑中的大文件

使用 360 安全卫士的查找大文件工具可以查找电脑中的大文件，具体操作步骤如下。

第1步 打开 360 安全卫士，单击【功能大全】→【系统工具】→【查找大文件】，添加该工具。在搜索框中输入"碎片整理和优化驱动器"，在弹出的搜索结果列表中单击第一个搜索结果，如下图所示。

第2步 打开【电脑清理-查找大文件】界面，勾选要扫描的磁盘，并单击【扫描大文件】按钮，如下图所示。

第3步 软件会自动扫描磁盘中的大文件，在扫描结果列表中勾选要删除的文件，然后单击【删除】按钮，如下图所示。

第4步 此时会弹出下图所示的信息提示框，提示用户仔细辨别将要删除的文件是否确实无用，单击【我知道了】按钮，如下图所示。

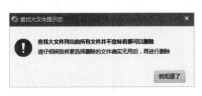

第5步 确定删除的文件没问题，单击【立即删除】按钮，如下图所示。

第6步 删除完毕后，单击【关闭】按钮即可，如下图所示。

◇ 修改 QQ 和微信接收文件的存储位置

QQ和微信是工作和生活中接收文件的主要通信工具，它们的默认存储位置都在C盘的用户文件夹下，随着使用时间的增加，其占据系统的空间会越来越大，而且在系统损坏、无法访问的情况下，文件还有丢失的风险。此时，用户可以迁移它们的存储位置，确保系统盘的空间及数据安全。

1. 迁移 QQ 接收文件的存储位置

第1步 启动QQ，在主界面中单击【主菜单】按钮，在弹出的菜单中选择【设置】选项，如下图所示。

第2步 弹出【系统设置】对话框，单击【文件管理】→【更改目录】按钮，如下图所示。

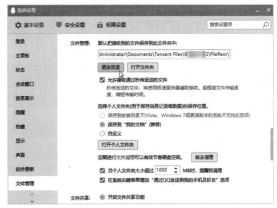

第3步 弹出【浏览文件夹】对话框，选择要更改的目录，单击【确定】按钮，如下图所示。

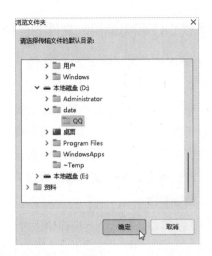

第4步 返回【系统设置】对话框，即可看到修改的文件夹路径，表示修改完成。另外，用户也可以选中【选择个人文件夹（用于保存消息记录等数据）的保存位置】区域的【自定义】单选项，设置消息记录数据的保存位置，如下图所示。

第2步 弹出【设置】对话框，选择【文件管理】选项，在其右侧区域中单击【更改】按钮，即可选择要保存的位置，如下图所示。

2. 迁移微信接收文件的存储位置

第1步 打开微信电脑客户端，单击界面中的【更多】按钮█，在弹出的菜单中选择【设置】选项，如下图所示。

第14章

高手进阶——
系统备份与还原

📄 本章导读

在计算机的使用过程中，可能会发生意外情况导致系统文件丢失。例如，系统遭受病毒和木马的攻击，使系统文件丢失，或者有时不小心删除系统文件等，都有可能导致系统崩溃或无法进入操作系统，这时用户就不得不重装系统。但是如果系统进行了备份，就可以直接将其还原，以节省时间。本章就介绍如何对系统进行备份、还原和重装。

🧭 思维导图

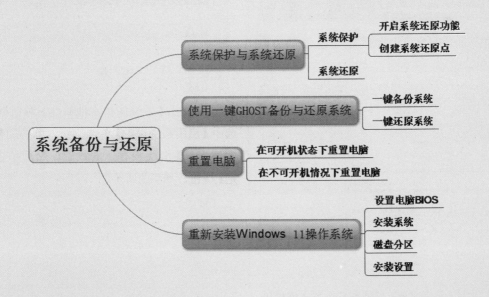

14.1 实战 1：系统保护与系统还原

Windows 11 操作系统中内置了系统保护功能，并默认打开保护系统文件和设置的相关信息，当系统出现问题时，可以方便地恢复到创建还原点时的状态。

14.1.1 重点：系统保护

保护系统前，需要开启系统的还原功能，然后再创建还原点。

1. 开启系统还原功能

开启系统还原功能的具体操作步骤如下。

第1步 右击桌面上的【此电脑】图标，在打开的快捷菜单中选择【属性】选项，如下图所示。

第2步 在打开的窗口中选择【系统】选项，如下图所示。

第3步 弹出【系统属性】对话框后，在【保护设置】列表框中选择系统所在的分区，并单击【配置】按钮，如下图所示。

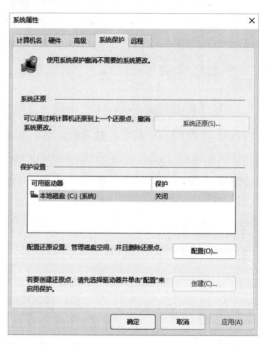

第4步 弹出【系统保护本地磁盘】对话框后，选中【启用系统保护】单选按钮，单击调整【最大使用量】滑块到合适的位置，然后单击【确定】按钮，如下图所示。

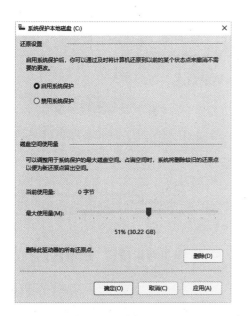

2. 创建系统还原点

开启系统还原功能后，系统默认打开保护系统文件和设置的相关信息，保护系统。也可以创建系统还原点，当系统出现问题时，可以方便地恢复到创建还原点时的状态，具体步骤如下。

第1步 在打开的【系统属性】对话框中选择【系统保护】选项卡，然后选择系统所在的分区，单击【创建】按钮，如下图所示。

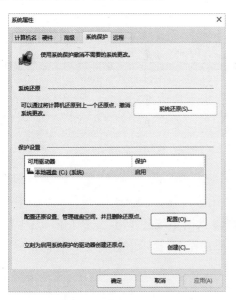

第2步 弹出【系统保护】对话框后，在文本框中输入还原点的描述性信息，单击【创建】按钮，如下图所示。

第3步 此时即可开始创建还原点，如下图所示。

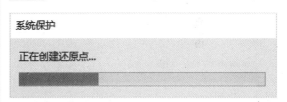

第4步 创建完毕后，系统将弹出"已成功创建还原点"的提示信息，单击【关闭】按钮即可，如下图所示。

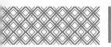
14.1.2 重点：系统还原

在为系统创建好还原点之后，一旦系统遭到病毒或木马的攻击，不能正常运行，就可以将系统恢复到指定还原点。

下面介绍如何还原到创建的还原点，具体操作步骤如下。

第1步 打开【系统属性】对话框，在【系统保护】选项卡下单击【系统还原】按钮，如下图所示。

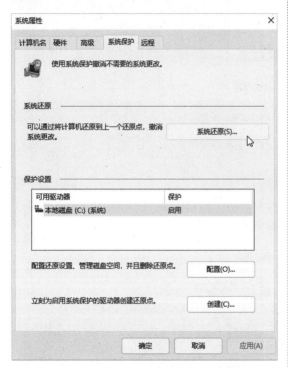

第2步 此时即可弹出【系统还原】对话框，单击【下一步】按钮，如下图所示。

第3步 进入【将计算机还原到所选事件之前的状态】界面，选择合适的还原点，一般选择距离出现故障时间最近的还原点，单击【扫描受影响的程序】按钮，如下图所示。

第4步 此时系统会弹出"正在扫描受影响的程序和驱动程序"提示信息，如下图所示。

第5步 扫描完成后，系统将显示详细的被删除的程序和驱动信息，用户可以查看所选择的还原点是否正确，如果不正确，可以返回重新操作，如下图所示。

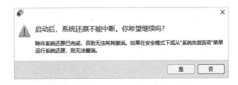

第6步 单击【关闭】按钮，返回【将计算机还原到所选事件之前的状态】界面，确认还原点的选择是否正确，如果还原点选择正确，则单击【下一步】按钮，此时会弹出【确认还原点】界面，如下图所示。

第7步 如果确认操作无误，则单击【完成】按钮，弹出提示框，提示"启动后，系统还原不能中断。你希望继续吗？"，单击【是】按钮，如下图所示。

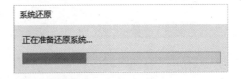

第8步 此时会弹出【系统还原】提示框，显示还原进度，如下图所示。

```
系统还原

正在准备还原系统…
```

第9步 随即电脑会重启，如下图所示。

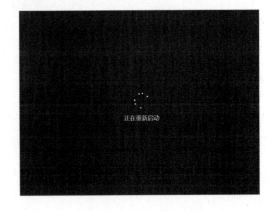

第10步 重启后，电脑会进行系统还原，如下图所示。

第11步 系统还原完成后，电脑会重新启动，如下图所示。

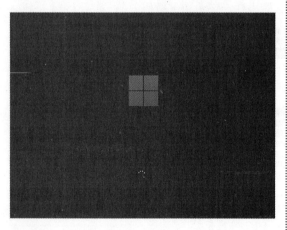

第12步 启动登录到桌面后，将会弹出系统还原提示框，提示"系统还原已成功完成"，单击【关闭】按钮，即可完成将系统恢复到指定还原点的操作，如下图所示。

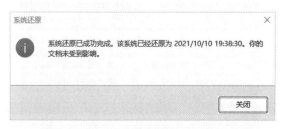

另外，如果用户要删除还原点，可以执行以下操作。

第1步 参照 12.1.1 节，打开【系统保护本地磁盘（C:）】对话框，单击【删除】按钮，如下图所示。

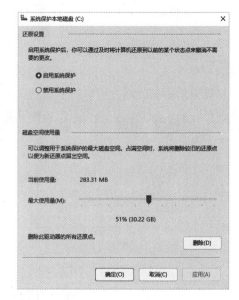

第2步 弹出【系统保护】提示框后，单击【继续】按钮，如下图所示。

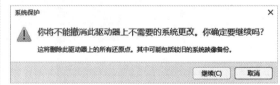

第3步 删除完毕后会弹出【系统保护】提示框，提示"已成功删除这些还原点"，表示已删除成功，单击【关闭】按钮即可，如下图所示。

14.2 实战 2：使用一键 GHOST 备份与还原系统

使用一键 GHOST的一键备份和一键还原功能来备份和还原系统是非常便利的，本节将介绍如何使用一键 GHOST备份与还原系统。

14.2.1 重点：一键备份系统

使用一键GHOST备份系统的操作步骤如下。

第1步 下载并安装一键GHOST后，即可进入【一键备份系统】对话框，此时一键GHOST开始初始化。初始化完毕后，系统将自动选中【一键备份系统】单选项，单击【备份】按钮，如下图所示。

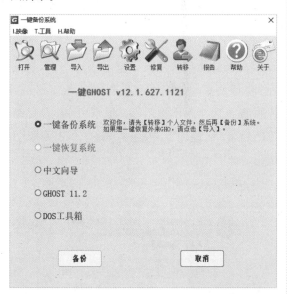

第2步 弹出提示框后，单击【确定】按钮，如下图所示。

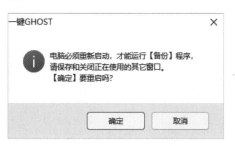

第3步 此时系统会重新启动，并自动打开GRUB4DOS 菜单，在其中选择第一个选项，表示启动一键GHOST，如下图所示。

第4步 系统自动选择完毕后，进入MS-DOS一级菜单界面，在其中选择第一个选项，表示在DOS安全模式下运行GHOST 11.2，如下图所示。

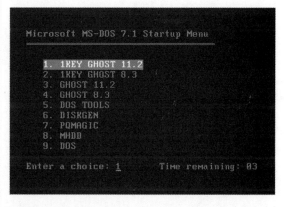

第5步 选择完毕后，进入MS-DOS二级菜单界面，在其中选择第一个选项，表示系统支持

IDE/SATA兼容模式，如下图所示。

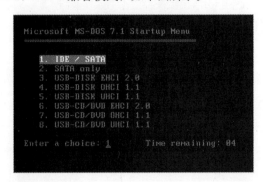

第6步 系统会自动打开【一键备份系统】警告窗口，提示用户开始备份系统。单击【备份】按钮，如下图所示。

第7步 此时开始备份系统，如下图所示。

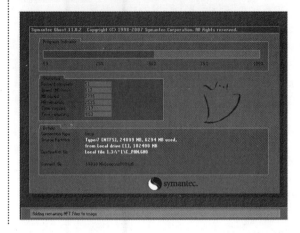

14.2.2　重点：一键还原系统

使用一键 GHOST 还原系统的操作步骤如下。

第1步 打开【一键 GHOST】对话框，单击【恢复】按钮，如下图所示。

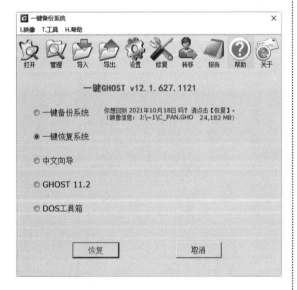

第2步 此时会弹出提示框，提示用户电脑必须重新启动，才能运行【恢复】程序。单击【确定】按钮，如下图所示。

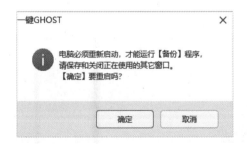

第3步 此时系统会重新启动，并自动打开GRUB4DOS菜单，在其中选择第一个选项，表示启动一键GHOST，如下图所示。

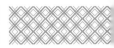

第4步 系统自动选择完毕后，进入MS-DOS
一级菜单界面，在其中选择第一个选项，表示
在DOS安全模式下运行GHOST 11.2，如下图
所示。

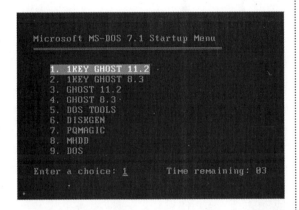

第5步 选择完毕后，进入MS-DOS二级菜单
界面，在其中选择第一个选项，表示系统支持
IDE/SATA兼容模式，如下图所示。

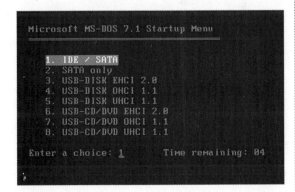

第6步 根据磁盘是否存在映像文件，系统将会
从主窗口自动打开【一键恢复系统】警告窗口，
提示用户开始恢复系统。选择【恢复】选项，即

可开始恢复系统，如下图所示。

第7步 此时开始恢复系统，如下图所示。

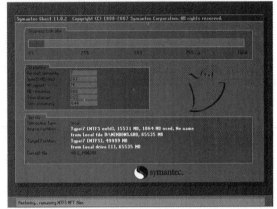

第8步 在系统还原完毕后，将打开一个信
息提示框，提示用户恢复成功，单击【Reset
Computer】按钮重启电脑，然后选择从硬盘启
动，即可恢复以前的系统。至此，就完成了使
用GHOST工具还原系统的操作，如下图所示。

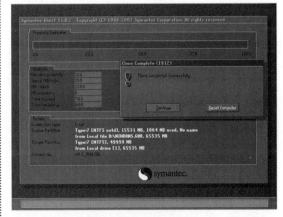

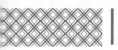

14.3 实战 3：重置电脑

重置电脑可以在电脑出现问题时方便地将系统恢复到初始状态，类似于手机的恢复出厂设置，而不需要重装系统。

14.3.1 重点：在可开机可进入系统状态下重置电脑

在可以正常开机并进入Windows 11操作系统后重置电脑的具体操作步骤如下。

第1步 按【Windows+I】组合键，进入【设置】面板，选择【系统】→【恢复】选项进入其界面，单击【恢复选项】区域的【初始化电脑】按钮，如下图所示。

第2步 弹出【选择一个选项】界面后，单击选择【保留我的文件】选项，如下图所示。

第3步 此时会进入【你希望如何重新安装 Windows？】界面，选择【本地重新安装】选项，如下图所示。

第4步 进入【其他设置】界面后，单击【下一页】按钮，如下图所示。

第5步 进入【准备就绪，可以初始化这台电脑】界面后，单击【重置】按钮，如下图所示。

第6步 此时电脑即会进行重置准备，如下图所示。

第7步 电脑重新启动，进入【重置】界面，如下图所示。

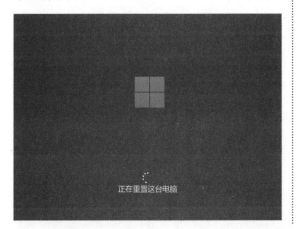

第8步 重置完成后会进入Windows设置界面，用户可根据情况进行设置，如下图所示。

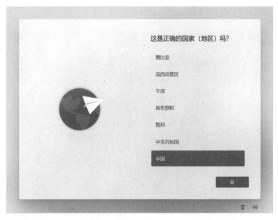

第9步 安装并设置完成后自动进入Windows 11桌面，如下图所示。

14.3.2 重点：在可开机无法进入系统状态下重置电脑

如果Windows 11操作系统出现错误，开机后无法进入系统，可以在不开机的状态下重置电脑，

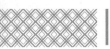

具体操作步骤如下。

 如果连续无法正常开机，即可进入如下界面，选择【疑难解答】选项，如下图所示。

 进入【疑难解答】界面，单击【重置此电脑】选项，如下图所示。

其后的操作与可开机可进入系统状态下重置电脑操作相同，这里不再赘述。

14.4 实战 4：重新安装电脑系统

当电脑操作系统出现以下故障无法解决时，可以对电脑进行系统重装。

1. 系统无法启动

导致系统无法启动的原因有多种，如 DOS 引导出现错误、目录表被损坏或系统文件 Nyfs.sys 文件丢失等。如果无法查找出系统不能启动的原因或无法通过修复系统解决这一问题，就需要重装系统了。

2. 系统运行变慢

系统运行变慢的原因有很多，如垃圾文件分布于整个硬盘，又不便于集中清理和自动清理，或者计算机感染了病毒或其他恶意程序而无法被杀毒软件清理等，这时就需要对磁盘进行格式化处理并重装系统了。

3. 系统频繁出错

操作系统是由很多代码和程序组成的，在操作过程中可能因为误删某个文件或被恶意改写代码等，致使系统出现错误，此时如果该故障不便于准确定位和解决，就需要考虑重装系统了。

在重装系统之前，用户需要做好充分的准备，避免重装之后造成数据丢失等严重后果。准备思路如下。

（1）备份重要的数据。在因系统崩溃或出现故障而重装系统前，首先应想到的是备份好自己的数据。这时，一定要静下心来，仔细罗列一下硬盘中需要备份的资料，把它们一项一项地写在一张纸上，然后逐一对照进行备份。如果硬盘不能启动，就需要考虑用其他启动盘启动系统，然后复制自己的数据，或将硬盘挂接到其他电脑上进行备份。最好的办法是在平时就养成随时备份重要数据的习惯，这样就可以有效避免硬盘数据丢失的情况。

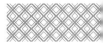
（2）格式化磁盘。重装系统时，格式化磁盘是解决系统问题最有效的办法，尤其是在系统感染病毒后，最好不要只格式化C 盘，如果有条件，将硬盘中的数据都备份或转移，尽量将整个硬盘都进行格式化，以保证新系统的安全。

（3）牢记安装序列号。安装序列号相当于一个人的身份证号，标识该安装程序的身份，如果不小心丢失安装序列号，那么在重装系统时，如果采用的是全新安装，安装过程将无法进行下去。正规的安装光盘的序列号会在软件说明书或光盘封套的某个位置上。但是，如果用的是某些软件光盘中提供的测试版系统，那么这些序列号可能存在于安装目录的某个说明文本中，如 SN.TXT 等文件。因此，在重装系统之前，首先将序列号读出并记录下来，以备之后使用。

14.4.1 重点：设置电脑 BIOS

使用光盘或U盘安装Windows 11操作系统之前首先需要将电脑的第一启动设置为光驱启动，可以通过设置BIOS，将电脑的第一启动顺序设置为光驱启动。设置电脑BIOS的具体操作步骤如下。

`第1步` 按主机箱的开机键，在首界面按【Del】键，进入BIOS设置界面。选择【BIOS功能】选项，在下方【选择启动有限顺序】列表中单击【启动优先权 #1】后面的 `SATA S...` 按钮或按【Enter】键，如下图所示。

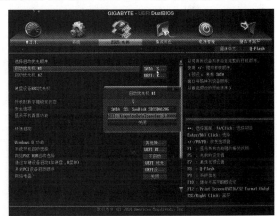

| 提示 |

不同的U盘名称是不一样的，一般名称中包含U盘的品牌英文字母。

另外，如果启动优先权中没有U盘驱动器的选项，可以在【BIOS功能】功能下的【硬盘设备BBS优先权】选项中，设置U盘驱动器的优先权。

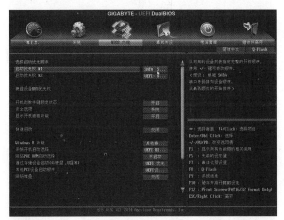

`第2步` 弹出【启动优先权 #1】对话框后，在列表中选择要优先启动的介质，这里选择【UEFI:kingstonDataTraveler 3.00000】选项，如下图所示。

`第3步` 此时即可看到U盘驱动器已被设置为第一启动，如下图所示。

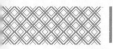

第4步 按【F10】键，弹出【储存并离开BIOS设定】对话框，单击【是】按钮，完成BIOS设置，此时就完成了将U盘设置为第一启动的操作，再次启动电脑时将从U盘启动。

14.4.2　重点：安装系统

设置BIOS启动项之后，就可以使用光驱安装Windows 11操作系统。

第1步 将U盘插入电脑USB接口，并设置U盘为第一启动后，打开电脑，屏幕中出现"Start booting from USB device…"提示，如下图所示。

> **｜提示｜** ::::::::
>
> 部分电脑可能不显示上面的提示，而是直接加载U盘中的安装程序。

第2步 此时即可开始加载Windows 11安装程序，加载进入启动界面，用户不需要执行任何操作。

第3步 启动完成，将会弹出【Windows 安装程序】界面，保持默认设置，单击【下一页】按钮，如下图所示。

第4步 此时即可显示【现在安装】按钮，如果

要立即安装Windows 11，则单击【现在安装】按钮，如果要修复系统错误，则单击【修复计算机】选项，这里单击【现在安装】按钮，如下图所示。

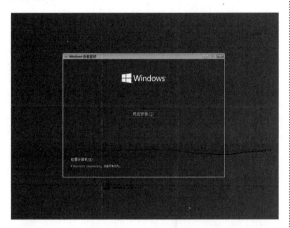

第5步 进入【激活Windows】界面，输入购买Windows 11系统时微软公司提供的密钥，单击【下一页】按钮，如下图所示。

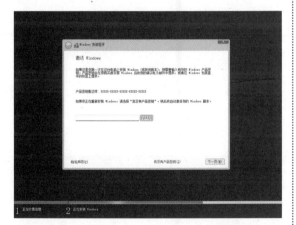

|提示|:::::::

密钥一般在产品包装背面或电子邮件中。

第6步 进入【选择要安装的操作系统】界面，选择要安装的版本，如这里选择【Windows 11专业版】，单击【下一页】按钮，如下图所示。

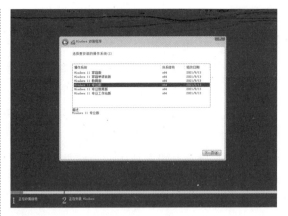

第7步 进入【活动的声明和许可条款】界面，单击选中【我接受】复选项，单击【下一页】按钮，如下图所示。

第8步 进入【你想执行哪种类型的安装？】界面，如果要采用升级的方式安装Windows系统，可以单击【升级】选项。这里单击【自定义：仅安装Windows（高级）】选项，如下图所示。

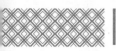

14.4.3 重点：磁盘分区

在安装Windows 11系统的过程中，通常需要选择安装位置。默认情况下系统是安装在C盘中的，当然，用户也可以自定义安装到其他盘中，如果其他盘中有其他文件，还需要将分区格式化处理。如果是没有分区的硬盘，则首先需要将硬盘分区，然后选择系统盘C盘。具体步骤如下。

第1步 进入【你想将Windows安装在哪里？】界面，如果硬盘是没有分区的新硬盘，首先要进行分区操作。如果是已经分区的硬盘，只需要选择要安装的硬盘分区，单击【下一页】按钮即可。这里单击【新建】按钮，如下图所示。

| 提示 | ::::::::

  1GB=1024MB，因此"60000MB"约为"58.6GB"。对于Windows 11操作系统，建议系统盘容量在60GB~120GB最为合适。

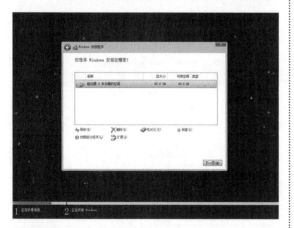

第2步 此时即可在下方显示用于设置分区大小的参数，在【大小】文本框中输入"60000"，单击【应用】按钮，如下图所示。

第3步 系统将会打开信息提示框，提示用户"若要确保Windows的所有功能都能正常使用，Windows可能要为系统文件创建额外的分区"，这里单击【确定】按钮，如下图所示。

第4步 此时即可看到新建的分区，选中需要安装系统的分区"分区 3"，单击【下一页】按钮，如下图所示。

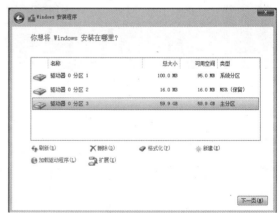

14.4.4　重点：安装设置

选择系统安装位置后，就可以开始安装Windows 11系统了，安装完成后，还需要进行系统的设置才能进入Windows 11桌面。具体步骤如下。

第1步 进入【正在安装Windows】界面，系统自动开始执行复制Windows文件、准备要安装的文件、安装功能、安装更新、正在完成等操作，此时，用户只需等待自动安装即可，如下图所示。

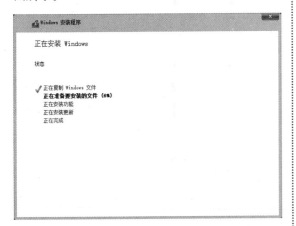

第2步 安装完毕后，将弹出【Windows需要重启才能继续】界面，可以单击【立即重启】按钮或等待系统10秒后自动重启，如下图所示。

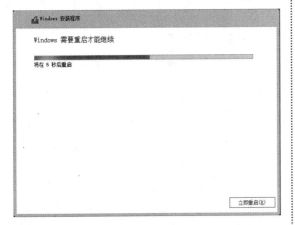

第3步 电脑重启后，需要等待系统进一步的安装设置，此时，用户也不需要执行任何操作，如下图所示。

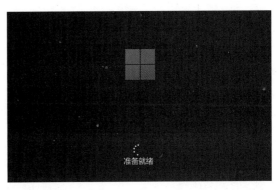

第4步 准备就绪后进入设置界面，选择所在的国家，然后单击【是】按钮，如下图所示。

第5步 选择要使用的输入法，单击【是】按钮，如下图所示。

第6步 进入【是否想要添加第二种键盘布局？】页面，如果需要添加则单击【添加布局】按钮，如果不需要则单击【跳过】按钮，如下图所示。

第7步 进入【命名电脑】页面，设置电脑的名称，单击【下一个】按钮，如下图所示。

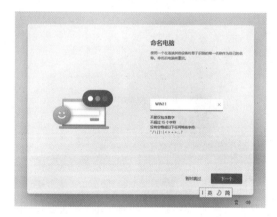

> **提示**
>
> 电脑的名称不建议随意命名，安装电脑后，将产生一个该名称的用户文件夹。

第8步 进入【你想要如何设置此设备？】页面，选择个人或组织账户，这里选择【针对个人使用进行设置】选项，然后单击【下一步】按钮，如下图所示。

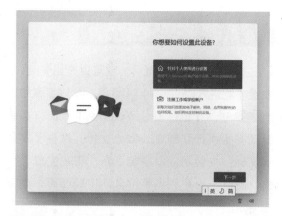

第9步 进入【谁将使用此设备？】页面，设置使用者姓名，然后单击【下一页】按钮，如下图所示。

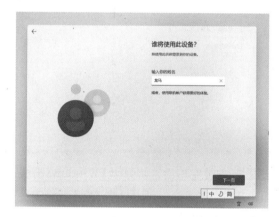

第10步 进入【创建容易记住的密码】页面，设置电脑的使用密码，然后单击【下一页】按钮，如下图所示。

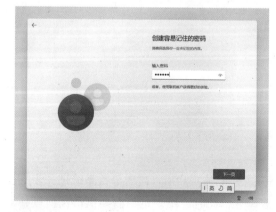

第11步 进入【确认你的密码】页面，确认设置

的密码，然后单击【下一页】按钮，如下图所示。

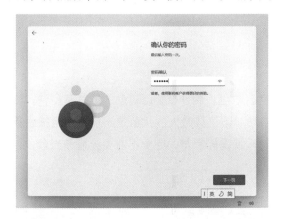

第12步 进入【现在添加安全问题】页面，可以在问题列表中选择熟悉的问题，方便今后找回密码，然后单击【下一页】按钮，如下图所示。

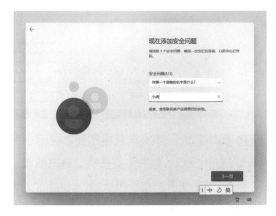

第13步 3个安全问题设置完成后，进入【为你的设备选择隐私设置】页面，进行设置，然后单击【下一页】按钮，如下图所示。

第14步 设置完成并进入准备中，此时等待即可，如下图所示。

第15步 至此，就完成了安装Windows 11操作系统的操作，界面即可显示Windows 11系统桌面，如下图所示。

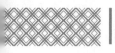

◇ 将U盘制作为系统安装盘

如果需要使用U盘启动盘，用户首先就要制作U盘启动盘。制作U盘启动盘的工具有多种，这里将介绍目前最为简单的U盘启动盘制作工具——U启动。该工具最大的优势是不需要任何技术基础，一键制作，自动完成，平时当U盘使用，需要的时候就是修复盘，完全不需要光驱和光盘，携带方便。

制作的具体操作步骤如下。

第1步 把准备好的U盘插在电脑USB接口上，打开U启动6.8版U盘启动盘制作工具，在弹出的工具主界面中选择【默认模式（隐藏启动）】选项，在【请选择】下拉列表中选择需要制作启动盘的U盘，其他采用默认设置，单击【一键制作启动U盘】按钮，如下图所示。

第2步 弹出信息提示对话框，单击【确定】按钮，在制作的过程中会删除U盘上的所有数据。因此在制作启动盘之前，需要把U盘上的资料备份一份，如下图所示。

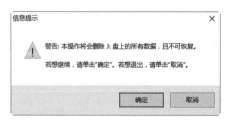

第3步 界面开始写入启动的相关数据，并显示写入的进度，如下图所示。

第4步 制作完成后弹出信息提示框，提示启动U盘已经制作完成，如果需要在模拟器中测试，可以单击【是】按钮，如下图所示。

第5步 此时会弹出U启动软件的系统安装模拟器，可以模拟操作一遍，验证U盘启动盘是否制作成功，如下图所示。

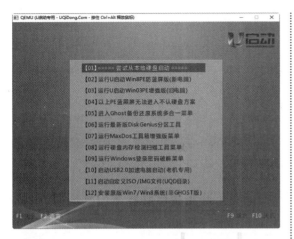

第6步 在电脑中打开U盘启动盘，可以看到其中有"GHO"和"ISO"两个文件夹。如果安装的系统文件为GHO文件，则将其放入"GHO"文件夹中；如果安装的系统文件为ISO文件，则将其放入"ISO"文件夹中。至此，U盘启动盘制作完毕，如下图所示。

◇ 修复重装系统启动菜单

如果出现系统启动菜单混乱或缺失的问题，可以对其进行修复，具体修复重装系统启动菜单的步骤如下。

第1步 进入Windows 11操作系统，下载并运行EasyBCD软件，如下图所示。

第2步 在EasyBCD软件左侧单击【编辑引导菜单】按钮，在右侧条目列表中会显示当前开机的引导菜单，用户可以修改默认启动项、重命名、修改条目名称、设置引导菜单停留时间等。如选择"OneKey Ghost"选项，单击【删除】按钮，如下图所示。

第3步 弹出【确认删除吗？】提示框后，单击【是】按钮，如下图所示。

第4步 此时即可将该引导菜单删除。如果要修改默认启动菜单，则单击该菜单名称右侧的复选框，即可完成修改。完成后，单击【保存设置】按钮，如下图所示。

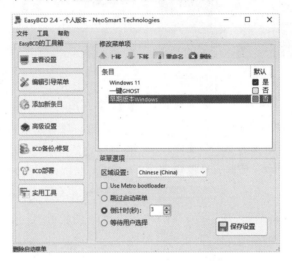